U0516850

终极心理测试

1000多个考题练习，
让心理测试成为求职加分项

〔英〕迈克·布里翁（Mike Bryon）著

董良和 译

中信出版集团 | 北京

图书在版编目（CIP）数据

终极心理测试：1000多个考题练习，让心理测试成
为求职加分项 /（英）迈克·布里翁著；董良和译. --
北京：中信出版社，2020.6
（终极求职系列）
书名原文：Ultimate Psychometric Tests: Over
1000 Practical Questions for Verbal, Numerical,
Diagrammatic and Personality Tests
ISBN 978-7-5217-1747-1

Ⅰ.①终…　Ⅱ.①迈…　②董…　Ⅲ.①心理测验
Ⅳ.① B841.7

中国版本图书馆 CIP 数据核字（2020）第 059790 号

Ultimate Psychometric Tests: Over 1000 Practical Questions for Verbal, Numerical, Diagrammatic and Personality Tests
by Mike Bryon
Copyright © Mike Bryon, 2005, 2012, 2015, 2018
This Translation Edition is published by arrangement with Kogan Page © Mike Bryon
Simplified Chinese translation copyright © 2020 by CITIC Press Corporation
All Rights Reserved.
本书仅限中国大陆地区发行销售

终极心理测试——1000多个考题练习，让心理测试成为求职加分项
（终极求职系列）

著　　者：[英]迈克·布里翁
译　　者：董良和
出版发行：中信出版集团股份有限公司
　　　　　（北京市朝阳区惠新东街甲 4 号富盛大厦 2 座　邮编　100029）
承 印 者：北京通州皇家印刷厂

开　　本：880mm×1230mm　1/32　　印　张：11.5　　字　数：190 千字
版　　次：2020 年 6 月第 1 版　　　印　次：2020 年 6 月第 1 次印刷
京权图字：01-2020-0045　　　　广告经营许可证：京朝工商广字第 8087 号
书　　号：ISBN 978-7-5217-1747-1
定　　价：55.00 元

目　录

第4章　言语推理

第5章　数字推理

第6章　非言语推理、机械知识理解及数据解读

第7章　答案及解析

前　言

从现在开始，我们可以把心理测试当成通往梦想职业的渠道。本书可以让我们在众多求职者中脱颖而出。

在择业或选课过程的很多阶段，我们都需要进行心理测试。许多人会在申请过程的早期通过在线方式完成。对于没有准备的候选人而言，这些测试将会是巨大挑战。如果测试失败了，我们就可能得不到自己想要的工作或课程。所以，我们要认真对待这些测试，因为测试失败的人数比测试通过的更多。

我会帮助你成为真正脱颖而出的候选人之一。人们通过测试的秘诀在于实践和心态。只要在合适的时间做适当的正确练习，你就会成功。这是一本"终极"心理测试书，因为书中包含1 000多个模拟真实情景的练习题。本书是专门为读者自学设计的，涵盖主要测试类型，并提供基本建议，还可以教会读者如何保持获胜心态。本书也会给读者介绍科根出版公司（Kogan Page）系列测试丛书，以帮助读者找到下一步实践的最佳材料。

对于想在中级水平的心理测试中取得良好成绩的读者而言，本书将是一个理想的备考开端。本书也将为参加研究生水平测试的读者提供帮助。

　　你再也找不到另一本有如此丰富的练习题的书了。你需要认真做好准备，从而提高分数。我会告诉你如何尽善尽美地组织好自己的学习过程，书中还会提供数百种解释和说明，确保你能明确知道自己在哪里可能会出现差错。

　　想在心理测试中取得成功是一项艰巨的工作，所以我要求你必须保证投入足够的时间和精力。一切都要看自己的选择——迎接挑战，这样你梦想的职业生涯才可能成为现实；反之，你就会失败。

　　如果本书没有涵盖你遇到的测试问题，并且我建议进一步阅读的书中也未能涵盖，那么请通过出版社联系我，我会很乐意告诉你到哪去找合适的实践材料。

　　对于书中可能出现的错误，我提前深表歉意。请不要让这些错误打击你的信心，你要相信实践的价值。另外，请将错误的地方告知出版社，以便出版社将错误改正。

第1章

什么是心理测试和调查问卷

心理测试不像血型测试，在做血型测试时，你只需撸起袖子忍着扎针的不适感就行了。你没法控制血型测试的结果，但是你可以完全掌控心理测试的结果。只有努力实践、系统准备、掌握良好的测试技巧，你才能够对其掌控自如。

心理测试可能需要你在网上进行，也可能需要你用笔和纸来进行，或者也有可能需要你在工作场所以完成任务的方式进行。

不管是什么任务，测试都会设置成可以打分的方式，分数通常由你答对多少个问题来确定。通过这种测试，测试管理者可以比较进行测试的候选人。这种测试用于招聘，其关键是，该测试可以让管理人员得出这样的结论：候选人A比候选人B得分高，而候选人F、G、H、I、J和K并没有通过测试！

如果你面对的心理测试或调查问卷是找工作或选课过程的一部分，那么我们可以合理地推定，申请者有很多，而空缺职位或者课程规定人数比申请者少。有些组织的每个空缺岗位都会吸引多达40名申请人。公司或者大学通过考试来确定更合适的人选，这是一种尽可能经济、公平和客观的方式。每个申请人都会受邀参加测试。然后，招聘者比照测试结果，决定应该邀请谁参加下一阶段的招聘过程。其余的申请人则会被拒于门外。

常用的心理测试有很多种。有些心理测试针对特定的岗位或职业，有些心理测试属于一般性测试。最常见的一种心理测试是在线完成问卷调查。在随后的招聘过程中，你可能会面临一系列测试，这些测试会一个接一个地持续进行几个小时，在每个测试之间，你只有短暂的停歇。这一系列测试可以用来测试你的毅力和耐力，还有你的兴趣、个性和能力，等等。常见的测试有：

- 个性调查问卷。
- 情景意识问卷。
- 兴趣及动机调查。
- 言语推理测试。
- 数字分析测试。
- 机械及技术推理测试。
- 图解及抽象分析。
- 模拟工作测试。
- 实际业务演练。
- 培训潜力测试。
- 故障诊断测试。
- 数据解读测试。

这些主题的范围都非常宽泛，每个主题都包含许多不同风格、不同类型的问题。调查问卷通常不会有时间限制，但测试会有严格的时间限制。

一旦知道需要通过一项测试或完成一份调查问卷，你就应立即尽可能多地去了解这项测试或者这份调查问卷。互联网是此类信息的一个很好来源。邀请你参加测试的组织可能也会向你提供一份测试及样题说明，也可能会指导你去查阅测试及样题说明。但是，你不太可能拿到过去用过的测试题或测试的真实副本。

如果你遇到不便，而这种不便会影响你完成测试或在招聘流程上对你产生不利影响，那么你需要第一时间通知该组织。该组织会有所准备，会改用不同的方式组织测试，以便更好地满足你的需求。而且，在某种情况下，该组织可能会给你更多时间来完成测试。

雇主为何使用测试及调查问卷

雇主使用测试及调查问卷来获取简历、申请表或面试中无法获取的信息。他们这样做是为了确保其聘用决定更公平、更明智。

例如，宝洁公司的网站解释说，公司使用职业评估来确保招到合适的人，这个战略一直非常有效。宝洁公司经营一系列世界领先品牌，包括吉列、欧乐 B 和帮宝适等。你可以了解一下它为什么使用心理测量学，你还可以通过免费练习资料进行推理测试练习。

测试产业的巨头

如果你仔细考虑一下是谁出版了心理测量学方面的书，以及大公司是如何使用心理测量学的，你就会对这些组织使用心理测量学的方式有更好的了解。看一看下面的例子：

- 人才衡量解决方案机构（SHL）是一家领先的测试出版商，也提供在线能力筛查服务，该公司拥有非常广泛的客户群体。比如，欧莱雅、高露洁棕榄、福特、索尼、飞利浦、卡夫食品、爱立信、沃达丰等巨头都在使用其心理测量产品。其心理测量产品包括各种行为、能力和情景判断的评估。

- 作为一个典型，桑斯博里公司（Sainsburys PLC）可以展示大公司是如何使用心理测量学的。在申请的初期，你将受邀完成一份在线调查问卷，以调查你服务客户的方法。你必须从建议的答案中进行选择，指出在一系列假设的情景下哪种响应是最佳的以及哪种响应是最差的。你要认真对待这种类型的问题，因为很多申请人都会因为他们的不标准答案而被拒绝。

- 英国电信（BT）专业服务部门的招聘程序包括一系列测试。如果你通过测试，那么你将被邀请于某日参加一个评估，该评估包括分析题、面试、一对一演练和小组演练。

- 心理测量服务有限公司（Psychometric Services Ltd，缩写为PSL）提供在线问卷、书面问卷及能力测试。这些问卷或测试具体包括职业个性调查、动态个性问卷、动机问卷、客户服务问卷和高级销售问卷等。该公司的客户包括吉百利史威士股份有限公司（Cadbury Schweppes）、HMV 媒体集团、劳埃德银行（Lloyds TSB）和丰田汽车等。

- 安永会计师事务所（Ernst & Young）会要求你参加两次数字测试。第一次测试为在线进行，如果你通过了，那么你接下来会参加第二次测试，即书面测试（会有人监考）。

- 像路虎（Land Rover）这样的公司也要求应聘者进行测试。德意

志银行（Deutsche Bank）目前正在使用一项数值测试，并且在
测试时，被测人不许使用计算器。花旗集团（Citigroup）的在线
数值测试要求被测人必须快速完成，而德勤（Deloitte）的数值
测试时间也很紧张。

■ 国泰航空（Cathay Pacific）使用在线计算能力测试，该测试由33
个问题组成，时间为30分钟。它最喜欢出的题型是货币兑换方
面的。似乎没有人能在考试中完成所有问题。

■ 测试出版商cut-e每年为数百万人提供评估服务。这数百万人来
自70多个国家，可以讲20种语言。宜家、雀巢、沃达丰和西
门子等公司都使用该出版商的在线测试和调查问卷。该出版商
提供数值、语言逻辑和空间推理子测试，还提供英语水平测试，
以检查申请人的英语流利程度和词汇量。

■ 沃森－格拉泽（Watson-Glaser）的批判性思维评估（Critical Thinking
Appraisal）被人们广泛使用，该评估考查五种技能：准确的推理
技能、对职责的认识技能、正确的演绎技能、信息的理解技能
和观点的评估技能。通常，你可以把批判性思维评估和RUST高
级数值推理评估放在一起使用，后者用来测试申请人的信息数
量与信息充分性的比较能力。

应该有何种期待

你很可能已经在网上完成了一份心理测试调查问卷，或者参加
了培训中心（或招聘中心）的一系列心理测试。

在完成一份调查问卷之前，你需要研究一下想要应聘的组织，

看看它期望自己的员工具备什么样的个人品质。回答每个问题时，你都要花一点儿时间，还要突出你的个性，这种个性要与你对公司文化和工作方式的理解相匹配。在完成问卷时，最佳的候选人会对自己充满信心。候选人要给自己留出足够的时间。仔细考虑这些假设场景和选项会很耗时，不要低估这么做所需的时间。在回答问题时，你一定要把问题放在工作场景下。如果你将问题放在游玩或待在家里放松的场景下，那么你可能会给出非常不一样的回答。但是，这样的答案在工作中可能会不合适。所以，对于问卷中提到的每一种场景，你都要提醒自己严格地按照工作场景做出回答。

参加测试时，你一定不要迟到，要穿着得体。你很可能是当天众多候选人中的一员。如果你既要参加体能测试又要参加书面测试，那么你可能需要带上运动服和运动鞋。你可能要做好准备，在一天的大部分时间里，你可能都在参加测试。所有这些细节都会包含在你的邀请函中，所以你要仔细阅读邀请函。

你要做好准备，要真的十分投入地去参与。在任何测试中，发挥出色与否不仅仅取决于你的智力或能力，努力和决心也很重要。如果一天结束了，而你没有感到筋疲力尽，那么你可能还没有尽自己的最大努力。所以，继续努力吧！

希望你能在测试当天持有正确的心态。成绩最好的候选人通常不是那些害怕测试的人，也不是那些因为必须参加测试而感到不满的人。成功的方法是，你要期待测试的挑战和它所代表的机会。你去那里参加测试是为了展示你的能力，是为了向该公司证明你是一个合适的候选人，而不要让测试打消你的积极性。每个人都可以抱着这种心态，其秘诀就是做好准备。为了参加考试、迎接挑战，你要做好充分的准备，并通过挑战来证明你多么优秀。

你需要花很多时间为考试做准备，充分利用自己的优势解决所有薄弱的问题。不要低估准备考试所需的时间。一旦接到必须参加测试的通知，你就要立即着手准备。

在测试开始前，你需要仔细听测试说明，这一点非常重要。你很可能会感到有些紧张，这可能会影响你的注意力，所以你要把注意力集中在你正在收听的信息上。大部分信息都是重复测试说明文件的内容，这份文件会同测试的邀请函一并发送给你。所以，考试前一天，你要仔细阅读两遍那份测试说明文件。

你要特别留意每道题中有多少个问题，并确保自己熟悉每种类型问题的要求，还要看看页面底部有没有写着"翻到另一面"。令人惊讶的是，很多人在答到一页的底部时便错误地认为自己已经回答完所有问题了。于是，他们就停下来等待测试结束，而此时此刻，他们本该继续回答另一面余下的问题。

在测试过程中，你要留意时间，要控制好在每一个问题上所用的时间，一定要把所有的问题都回答完。你要控制好答题过程，在速度和准确度之间找到平衡。你最好努力回答每一个问题，即使可能会答错某些问题。如果你反复检查每个答案，你就可能会因为测试时间已经结束而在还没有答完所有问题时被告知停止答题。不断练习能帮助你锻炼你的答题速度和准确度。

如果你碰到了一部分较难的问题，那么不要灰心，请继续答题——每个人都会答错一些问题。你可能会发现，对于接下来的一部分问题，你可以回答得非常好。

如果你不知道某个问题的答案，那么你可以根据所学的知识进行合理推测，这个方法值得一试。如果你不确定某个多项选择题的答案，那么你可以看看选项，并通过这种方式排除错误答案，从而推测出正确答案。

第2章

如何通过心理测试及调查问卷

要想在心理测试或问卷调查中发挥出色，你不仅要靠智力，还要下定决心和努力实践。如果通过心理测试或问卷调查非常重要，你就要做好准备，既要留出时间进行研究和练习，也要努力实践。

准备和实践的价值

一定要尽可能取得最好的分数，这样你才能保证自己通过心理测试或者调查问卷，否则你可能会名落孙山，因为其他候选人也会很努力。

通过心理测试或者调查问卷的秘诀就是精心准备、反复练习。每个人都可以提高自己的分数，而且对于许多候选人来讲，练习的强度将决定着他们的成败。

练习材料的仿真度越高，练习的效果就越好。请从本书中选择与真实测试或调查问卷类似的问题，用这些问题进行练习。本书涵盖的材料对大多数读者都有益，但这也可能意味着并非所有的材料都适合你。因此，请选择最合适的材料。如果有必要，那么你可以从"终极求职系列"的其他书中获取更多信息，你也可以从网上获取更多信息——许多网站都会提供免费的练习材料。

在完成一份问卷调查之前，你要调查自己所应聘的组织，研究一下它想要员工具备什么样的品质。在测试之前，你可以利用几天时间进行练习，一直练习到测试当天。为了应对测试，你所做的练习必须是具有挑战性的，甚至是折磨人的。如果你在做练习时没有觉得那么痛苦，那么你真正的收获也将微乎其微！但在开始练习之前，你必须做到心中有数。

心中有数

大多数心理测试都在个人职位申请过程的早期阶段进行，所以你要先做好调查。在回答个性调查问卷之前，你要先了解一下自己应聘的组织，然后看看自己是否喜欢该组织的文化，还有你在该组织是否有用武之地。如果答案都是肯定的，那么你一旦心意已定，就要自信满满，花些时间，回答好每个问题，以此来证明你是这个职位的理想候选人。你需要抓住每一个问题，抓住每一次机会，证明自己是非常合适的人选。许多候选人对待调查问卷不够谨慎，没有规划好时间，或者没有留给自己足够的时间来思考每个问题，所以无法保证他们的答案能够支持自己申请的这个职位。

如果你正面临测试，那么你一定要做到心中有数。大多数心理测试都会包含一系列小测试或分项测试，这些测试会一个接一个地进行，各个测试之间会有短暂的休息时间。例如，这种测试可能包括言语推理子测试、数字推理子测试和非言语推理子测试，但这只是众多可能的组合之一。这些子测试被称为测试系列。

你要充分了解自己面临的测试内容，这一点非常重要。你会惊讶地发现，很多参加测试的人都不知道怎么办。在测试开始之前，测试管理人员通常会给大家介绍一下该项测试，而这竟然是个别被测人第一次了解该测试会涉及什么类型的问题。你不要犯这样的错误，你需要尽快了解你所面临的挑战，搞清楚测试的题型。

你应聘的组织可能会提供问题类型和考试形式的说明，请确保自己获得以下详细信息：

- 测试系列包括多少个子测试。
- 每个子测试的题目是什么。
- 子测试是由什么样的问题构成的（请该组织就每种问题提供一个例子）。
- 每个子测试包括多少个问题。
- 你有多长时间来完成每个子测试。
- 是多选题还是简答题。
- 是用笔纸作答还是在电脑终端作答。
- 是否允许你使用计算器。

在有了这些信息后，你就可以找几百个练习题来系统地做好相关应试准备了。

做多少练习题以及用什么样的练习题来进行训练

一旦你对自己所面临的测试有了一个非常清晰的概念，你就需要着手寻找数百个相关的练习题。我之所以这样说，是因为要想从实践中取得最大的收获，你至少应该练习20个小时。如果你的数学或英语比较薄弱，那么你可能需要进行更多练习。本书包含了 1 000 多个练习题，为许多考生提供理想的练习材料，但你不太可能在一本书中找到你需要的所有练习材料。本书最适合中级水平的候选人，也会为一些研究生水平的候选人提供材料。因此，如果你面临的是研究生、管理或专业职位的心理测试，那么在做完本书提供的练习后，你应该继续寻找其他更高级的材料来练习，你可以在"级极求职系列"书中找到这类材料。在本书的每一章中，我都提供了进行进一步练习的材料来源，以供读者参考。

做两种类型的练习题

第一种类型

你可以在放松的状态下练习仿真试题，不要受时间的限制。其目的在于，你要真正熟悉各种类型的问题，并了解各种问题所针对的技能。你可以一次回答一个问题，然后再看答案。如果答案有解释，那么你可以看一下解释。如果你答错了，那么你要努力弄清错误的原因。你要利用这段时间来弄清楚哪一部分测试对你来说是最大的挑战。你要利用这些信息，规划每一部分的测试需要做多少练习题。你要把更多的时间花在你的弱项上。

第二种类型

如果你对每一类问题都充满信心，你就要开始在严格的时间限制和现实的考试条件下练习仿真试题。比如，你可以选40个练习题，让自己在25分钟内完成，通过这种方法来做几次"模拟测试"。你可以拿一块手表来给自己计时，时间一到，你一定要停下来。你甚至可以找个人来帮你进行测试，让他告诉你什么时候翻页，什么时候开始，以及什么时候结束。如果你觉得第一次模拟测试不是很难，那么你可以增加问题的数量或者缩短考试的时间。这种练习的目的是帮助你习惯在有时间压力的情况下回答问题，并提高答题的速度和准确性。你需要认真做好这种练习，尽量发挥练习的作用，并在有限的时间内迅速做好每一次测试。

给自己设定一个挑战

为了最大限度地发挥练习的作用，让练习更加具有仿真效果，你可以挑战一下自己，努力打破自己先前的分数纪录。要做到这一点，你必须加倍努力，认真对待挑战。你可以尝试以下方法：

- 深入了解你所应聘的组织，了解它希望员工所具备的品质。
- 进行上述第一种类型的练习，熟悉一下测试，为你要参加的每个子测试组织三次"模拟测试"。
- 模拟考试的环境，进行第一种类型的练习，设定一个的时限。
- 给你的测试打分，回头看一下自己答错的问题，并找出错误的原因。如果你没能完成测试，那么下一次你一定要加快答题速度。在下页的方框中记下你的分数。
- 挑战一下自己，努力超过你第一次模拟测试的分数，调整好心态，准备好全心投入第二次模拟测试。
- 做第二次模拟测试，这次测试一定要包含与第一次模拟测试数量相同的问题，你需要在相同的时间内完成。记下你的答案和分数，看看你是否真的超过了第一次模拟测试的分数。

- 再回头看一下第二次模拟测试的答案和解释，并找出问题答错的原因。

- 进行第三次模拟测试，尝试超越自己的最佳成绩。记下你的第三次模拟测试的分数，并回头看一下可能出错的问题。

- 反复挑战自己，熟悉一下你将参加的真实测试的每个子测试。

模拟测试得分

模拟测试的名称＿＿＿＿＿＿＿＿＿＿＿＿＿＿＿＿＿＿＿＿＿

模拟测试1 ☐　　模拟测试2 ☐　　模拟测试3 ☐

把这个表格复制一下，这样就可以记录各个子测试的分数了。

获胜的心态

要想在心理测试中发挥出色，你需要进行大量练习，也需要拥有正确的心态。获胜的候选人都充满期待，并且早就卸下了怨恨和恼怒的情绪。所以，你要抛开所有消极的想法，这些想法毫无益处。你要专心地去想，如果你通过了测试，那么你会得到什么样的机会。你要想想自己对这个机会有多么渴望，然后下定决心去努力争取这个机会。

全心投入很有必要，当然，全心投入也需要勇气，特别是如果你经历过失败的话。但是，你必须放手一搏！获胜的候选人都是全力以赴才通过了测试。他们可以坦然面对失败，因为他们早就明白：自己没有什么可以失去的，只有可能得到想要的一切。

在通常情况下，最强大的候选人会非常渴望测试早点开始。在整个测试过程中，他们会非常努力，让每一秒钟、每一个问题都发挥效力。这些人非常了解测试，他们的准备也很精心。他们永远不会忘记自己为什么要参加测试。他们会努力回答好每一个问题，所以他们不会放慢节奏或思考太久。当遇到容易的问题时，他们会在确保拿到每题分数的前提下，最大限度地加快答题速度。当遇到稍有难度的问题时，他们的事先准备就开始发挥作用了。他们经历过自我挑战，事先学会了如何去处理更为棘手的问题。当遇到一些无法回答的问题时，他们从不放弃，而会谨慎地运用合理推测来给出答案。在任务完成后，他们会因为高强度的脑力劳动而感到筋疲力尽。

未能通过测试怎么办

如果你在读本书之前，没有通过心理测试且没能实现职业目标，那么你需要振作起来。在许多比较普遍的考试中，考生在前几次考试中失败是很正常的。当然，你没有通过测试并不等于你没有能力做测试所对应的那份工作，也不等于你没有资格去学习测试所对应的那门课程。但是，如果你未能通过测试，那么这确实意味着你在应聘这个职位的测试中需要更好的表现。

如果你未能通过测试，那么这并不代表组织不欢迎你将来再次提出申请。如果你在以后的阶段取得了成功，那么一旦你被录用，领导将根据你在工作中的表现对你做出评判，而不会根据你过去的测试成绩对你做出评判。因此，未能通过测试这件事不会影响你在组织内的职业前景。

参加心理测试的候选人中有一半以上都可能无法通过测试。如果你未能通过测试，那么你可以请你申请的组织向你提供关于分数的反馈，以便确定你在考试中出现的问题在哪里。你需要回忆并记下问题的类型、问题的数量以及问题的难易程度；诚实地面对自己，评估一下，看看自己需要做些什么才能通过下一次测试。

我认识一些候选人，他们屡屡失败，直到最后参加了一些课程，去提高数学或者英语能力（或者两者兼而有之），才通过了测试。其他人可能只需要熟悉一下测试题型，适应一下考试氛围，处理好测试状态下的时间压力。才华横溢的申请者未能通过测试的情况并不罕见，因为他们对问题思考得太久或对文章解读得太深。他们的工作经历或学习经历未能给这种测试提供很好的帮助，因为在这种测试中，他们必须抓紧时间、迅速反应，并在给定的时间内完成所有的问题。

你需要马上制订一个复习计划，集中精力去练习你最不擅长的方面。你需要搜集充足的实践材料，开始努力认真学习。

你一旦有机会再次申请测试，就马上申请。这一次，你要充分准备，沉着应对，信心满满。

你需要再试一次，需要勇气和决心，需要准备好继续努力来提高自己，直到最终通过测试，而这些恰好都是你引以为傲的品质。通过正确的方法，你将解决棘手的个人挑战，继续前进，直至通过测试。再度回首，你就可以看到自己取得了一项重大成就。

请允许我借此机会祝你在即将参加的心理测试中取得成功。

第3章

情景判断及个性调查问卷

下面是一些常见的测试，请在测试时深思熟虑、诚实作答，同时也要尽力呈现自己最好的一面。你需要了解用人单位喜欢的工作方式，并突出自己个性中强于别人的地方。你需要练习此类题目，并努力给人留下良好印象。

在求职者应聘的前期，组织通常会使用个性问卷，这样可以帮助它们淘汰掉不少应聘者，所以你千万不要小觑这份普通的问卷。个性问卷很可能会在网上完成。这些调查问卷会向应聘者提供不同的观点及情景，而应聘者需要做的就是，给它们排序，或者表明自己是否同意问卷所描述的观点或情景。这种问卷会包括许多观点，例如：

第一，如果同事不肯听你讲话，那么你偶尔有必要提高讲话的音量。

第二，我更喜欢的工作环境是每个人都能明确自己的角色和职责。

这种测试可能会要求你指出是否同意某种观点，或者既不赞同也不反对某种观点，或者非常赞同某种观点，抑或强烈反对某种观点。这种测试也有可能描述一个假设的情景，而你的任务是：提供一个答案，说明如果该情景是真实的，那么你会怎么做；或者选出哪个选项最恰当、最不恰当。

通常，这些问题没有绝对正确或绝对错误的答案，因为如何作答取决于你应聘的职位及应聘组织喜欢的工作方式，也会受到你的偏好及个性的影响。

比如前文第一个例子。大多数雇主会觉得，在这种情景下，提高音量是一种不恰当的工作方式，因此我们肯定都不同意这一说法。但是，如何回答第二个例子则完全取决于你喜欢什么样的工作方式，该组织推崇什么样的工作方式，以及什么样的岗位在招人。有些公司不喜欢这种条条框框的工作方式，所以它们也不愿意招聘喜欢这种工作方式的人。

在调查问卷中，最好不要选太多"既不赞同也不反对"类的答案，因为这会让人觉得你不愿承担义务或犹豫不决。另外，你需要记住，应该避免过多选择"非常赞同"或者"强烈反对"类的答案，因为这可能会让人觉得你有太多的强势观点。

本章包含真实个性问卷和情景判断练习中的许多典型问题。这些问题分为九类，这九类问题都是个性问卷调查中涉及工作关键行为的典型问题。这九类问题分别是：

- 与人沟通。
- 决策方法。
- 规划方法。
- 人资管理。
- 自我激励。
- 理想职业的特点。
- 临危心态。

- 适当反馈。
- 事态感知能力。

你需要用这些习题进行练习，为正式测试做好准备。你要永远保持头脑清醒，明确自己想找寻的职位以及所选公司和行业的文化倾向。在回答问题时，你要设身处地，即如果自己在公司该空缺职位工作，那么自己将如何履行职责。

你既要诚实作答，又要尽力展示真实的自我，这两者并不矛盾。根据你对该组织文化及工作方式偏好的理解，你要强调自己的某些个性，这种做法完全合理。

你要有心理准备，准备好做些明知道不利于自己的申请的答复。如果你不这样回答，那么这可能会引起误导。

每个人都会在某些问题上得分较低，因此人们只通过几个问题就确定总体结果的情况很少发生。

大多数个性问卷没有时间限制，所以在做练习时，你喜欢用多长时间就用多长时间。你的答案通常取决于你的性格以及问题中的情景，本章会对人们如何解读这些问题进行阐释。

客户服务

在回答这些问题时，你需要决定，在所描述的假定情景下，哪种回应最恰当以及哪种回应最不恰当。每个问题都会出现一种新的假定情景，请将答案记录在测试提供的答案框中。解析见第7章。

1.在如下情景中，参考答案中的哪种做法最恰当，哪种做法最不恰当。

情景

你在一家大型杂货店工作，正忙着补充货架，这时，一位顾客问你鲜牛奶放在哪里。

参考答案

A.告诉他牛奶的具体位置

B.停下手上的工作，亲自把顾客带到牛奶摆放区

C.告诉客户客服部的位置，客服部可以告诉他牛奶在哪里

D.解释一下，你太忙，无法提供帮助

E.解释一下，你很忙，建议他去问别的员工

答案

最恰当的方式	
最不恰当的方式	

2.在如下情景中，参考答案中的哪种做法最恰当，哪种做法最不恰当？

情景

一位顾客询问你是否出售某种商品，而该商品暂时缺货，预计下周初发货。你会对顾客说什么？

参考答案

A.是的，我们通常都有这种商品，但是现在没有存货

B.对不起，我们下周才会有货

C.我们没有存货了，但是我可以在下周初给您留一个

D.是的，但我们下周才会有货

E.是的，下周初我可以给您留一个

答案

最恰当的方式	
最不恰当的方式	

3.在如下情景中，参考答案中的哪种做法最恰当，哪种做法最不恰当？

情景

事实很明显，你的一个同事犯了个错误，购物者回来投诉了。

参考答案

A.向他们解释这不是你的错

B.承担责任并修正问题

C.道歉，然后去找为他们服务的同事

D.道歉，但解释说这不是你的错

E.倾听他们的投诉，并承诺转告给服务他们的人

答案

最恰当的方式	
最不恰当的方式	

4.在如下情景中，参考答案中的哪种做法最恰当，哪种做法最不恰当？

情景

当你在帮顾客打包商品时，一位顾客告诉你说，他的母亲患有慢性病，他必须得经常照顾她。你会对顾客说什么？

参考答案

A.详细询问他母亲的病情

B.告诉他你母亲在疗养院疗养，而且也很虚弱

C.与他分享你独自抚养孩子的体会

D.表达你认为一定很困难，你希望他能得到支持

E.倾听，但不评价他的私事

答案

最恰当的方式	
最不恰当的方式	

5.在如下情景中，参考答案中的哪种做法最恰当，哪种做法最不恰当？

情景

当你为顾客提供服务时，顾客在接听电话，并且已经交谈了几分钟，这时你会怎么做？

参考答案

A.走开

B.礼貌地打断顾客，问他是否可以稍后再回电话

C.继续去做别的事情

D.等他打完电话

答案

最恰当的方式	
最不恰当的方式	

6.在如下情景中，参考答案中的哪种做法最恰当，哪种做法最不恰当？

情景

一位顾客正在长篇大论地给你讲他为什么要买某种东西，而他所说的话大部分都没有用。

参考答案

A.非常耐心地等他说完

B.一边听，一边微笑

C.仔细听他在说什么

D.表现出你希望他快点说完

答案

最恰当的方式	
最不恰当的方式	

7.在如下情景中，参考答案中的哪种做法最恰当，哪种做法最不恰当？

情景

商店里又吵又挤，一位顾客告诉你他很焦躁。

参考答案

A.解释一下，你对此无能为力

B.和他待几分钟

C.告诉他冷静下来

D.问他为什么不开心

E.问他有什么方法可以帮到他

答案

最恰当的方式	
最不恰当的方式	

8.在如下情景中，参考答案中的哪种做法最恰当，哪种做法最不恰当？

情景

顾客在电话中言语很粗鲁。

参考答案

A.挂断电话

B.告诉他你会把电话转交给经理

C.大声对骂

D.暂时不挂断，这样你就可以告诉你的主管了

E.告诉他不要太粗鲁

答案

最恰当的方式	
最不恰当的方式	

9.在如下情景中，参考答案中的哪种做法最恰当，哪种做法最不恰当？

情景

一个购物者不知道优惠活动已经结束，还想要打折。

参考答案

A.告诉他你很抱歉，优惠活动是否结束还不清楚，并询问他是否仍同意按正常价格购买该商品

B.告诉他优惠活动已经结束，并跟他解释他搞错了

C.礼貌地解释，公司的政策是，当一个优惠活动结束时，折扣价不再有效

D.解释优惠活动已经结束，没有其他办法

答案

最恰当的方式	
最不恰当的方式	

10.在如下情景中，参考答案中的哪种做法最恰当，哪种做法最不恰当？

情景

你的主管要求你去一家很远的商店参加一天培训。

参考答案

A.解释你已经接受过该主题领域的培训

B.解释你去不了，因为太远了，你还要去学校接孩子

C.告诉他你不太想去，因为离家太远了

D.向他询问关于这个培训的更多信息，以便做决定

E.告诉他你不愿意学习新鲜事物

答案

最恰当的方式	
最不恰当的方式	

11.在如下情景中，参考答案中的哪种做法最恰当，哪种做法最不恰当？

情景

商店的柜台前来了一位新顾客，而一位老顾客突然插到前面，并且希望得到优先服务。

参考答案

A.服务新顾客

B.问一下老顾客他是否允许你优先服务新顾客

C.告诉老顾客请排队等候

D.服务老顾客

答案

最恰当的方式	
最不恰当的方式	·

12.在如下情景中，参考答案中的哪种做法最恰当，哪种做法最不恰当？

情景

你工作的商店规定，只有当顾客准备购买商品时，你才能去招呼他。在如下哪一时刻，你可以确定顾客准备购买商品？

参考答案

A.顾客只关注某一类商品

B.顾客一直观察一系列不同的商品，并且拿起来细细端详

C.顾客拿起某个商品，不想放下

D.当你望向顾客时，他会避开你的视线

E.顾客四处游逛，同时一直盯着你看

答案

最恰当的方式	
最不恰当的方式	

与人沟通

13.迄今为止，我之所以成功，最重要的原因是我有能力建立并维持业务关系。

A.非常赞同

B.赞同

C.既不赞同也不反对

D.反对

E.强烈反对

答案 ☐

14.如果某个同事的表现不符合标准，那么我会为他提供真诚且有建设性的反馈。

A.非常赞同

B.赞同

C.既不赞同也不反对

D.反对

E.强烈反对

答案 ☐

15.我都已经完成了困难的工作——确定了重点，还起草了意见。如果公司安排其他人来推广这些政策，那么我会感到很舒服。

A.非常赞同

B.赞同

C.既不赞同也不反对

D.反对

E.强烈反对

答案 ☐

16.在完成高压工作时，我依然可以妥善处理人际关系和料理事务。对此，我感到非常自豪。

A.非常赞同

B.赞同

C.既不赞同也不反对

D.反对

E.强烈反对

答案 ☐

17.我会采取非常直接的方法。

A.非常赞同

B.赞同

C.既不赞同也不反对

D.反对

E.强烈反对

答案 ☐

18.知识是一种商品，所以我更喜欢独自享有。

A.非常赞同

B.赞同

C.既不赞同也不反对

D.反对

E.强烈反对

答案 ☐

19.比起口头陈述观点，我更喜欢撰写书面材料。

A.非常赞同

B.赞同

C.既不赞同也不反对

D.反对

E.强烈反对

答案 ☐

20.固执己见不见得总是件坏事。

A.非常赞同

B.赞同

C.既不赞同也不反对

D.反对

E.强烈反对

答案 ☐

21.我习惯了向某个机构或单位的各阶层的人提供建议。

A.非常赞同

B.赞同

C.既不赞同也不反对

D.反对

E.强烈反对

答案 ☐

22.就如何办事更有效率给出意见，我认为这不属于自己当前的工作范畴。

A.非常赞同

B.赞同

C.既不赞同也不反对

D.反对

E.强烈反对

答案 ☐

23.一个人品貌端正可以弥补其许多潜在缺陷。

A.非常赞同

B.赞同

C.既不赞同也不反对

D.反对

E.强烈反对

答案 ☐

24.如果你能让人们接受一系列需求或目标，那么每个人都会更加努力地朝着这个共同目标前进。

A.非常赞同

B.赞同

C.既不赞同也不反对

D.反对

E.强烈反对

答案 ☐

25.我希望我可以经常在之前没有联系的事件之间建立起新的联系。

A.非常赞同

B.赞同

C.既不赞同也不反对

D.反对

E.强烈反对

答案 ☐

决策方法

26.我一般不太期待参与重大决策。

A.非常赞同

B.赞同

C.既不赞同也不反对

D.反对

E.强烈反对

答案 ☐

27.我可以提供违背我个人信仰的建议。

A.非常赞同

B.赞同

C.既不赞同也不反对

D.反对

E.强烈反对

答案 ☐

28.只有在某一学科领域具备较高造诣的人才能对讨论有所贡献。

A.非常赞同

B.赞同

C.既不赞同也不反对

D.反对

E.强烈反对

答案 ☐

29.如果照章办事，那么我会很开心。

A.非常赞同

B.赞同

C.既不赞同也不反对

D.反对

E.强烈反对

答案 ⬚

30.我希望大家可以共同承担重大决策的责任，我也愿意为大家共同得出的结论提供合理的解释。

A.非常赞同

B.赞同

C.既不赞同也不反对

D.反对

E.强烈反对

答案 ⬚

31.我希望大多数决策都能靠数据来说话。

A.非常赞同

B.赞同

C.既不赞同也不反对

D.反对

E.强烈反对

答案 ⬚

32.当必须忍痛抉择时，我会发现自己很难下决定。

A.非常赞同

B.赞同

C.既不赞同也不反对

D.反对

E.强烈反对

答案 ☐

33.当信息不完整时，我们最好不要急着下结论。

A.非常赞同

B.赞同

C.既不赞同也不反对

D.反对

E.强烈反对

答案 ☐

34.真正影响组织的决策最好由高级管理层来下达。

A.非常赞同

B.赞同

C.既不赞同也不反对

D.反对

E.强烈反对

答案 ☐

35.在一家公司里，工作时间短的人不如工作时间长的人提供的观点有效。

A.非常赞同

B.赞同

C.既不赞同也不反对

D.反对

E. 强烈反对

答案 ☐

36. 如果你知道某件事必须做，那么你尽管觉得啰唆，但还是认为有必要时刻提醒人们这件事的重要性。

A. 非常赞同

B. 赞同

C. 既不赞同也不反对

D. 反对

E. 强烈反对

答案 ☐

37. 妥协退让通常对业务无益。

A. 非常赞同

B. 赞同

C. 既不赞同也不反对

D. 反对

E. 强烈反对

答案 ☐

规划方法

38. 即使最坏的事情不太可能发生，我们也要一直做好最坏的打算。

A. 非常赞同

B. 赞同

C. 既不赞同也不反对

D. 反对

E. 强烈反对

答案 ☐

39. 我最大的特点是在监管日常活动时能够进行战略性思考。

A. 非常赞同

B. 赞同

C. 既不赞同也不反对

D. 反对

E. 强烈反对

答案 ☐

40. 我们必须先整体评估，保证满足所有的财务需求和目标，再推行新的计划。

A. 非常赞同

B. 赞同

C. 既不赞同也不反对

D. 反对

E. 强烈反对

答案 ☐

41. 上进心以及运气在大多数挑战中会给人带来积极有效的解决办法。

A. 非常赞同

B. 赞同

C. 既不赞同也不反对

D. 反对

E. 强烈反对

答案 　　　□

42. 绝不应该以牺牲准确性来提高速度。

A. 非常赞同

B. 赞同

C. 既不赞同也不反对

D. 反对

E. 强烈反对

答案 　　　□

43. 领导力更多地关乎引导人们应对不可预知的挑战，而不是想象、沟通和战略部署。

A. 非常赞同

B. 赞同

C. 既不赞同也不反对

D. 反对

E. 强烈反对

答案 　　　□

44. 只要我全心全意以客户为中心，其他方面的问题都可以自行解决。

A. 非常赞同

B. 赞同

C. 既不赞同也不反对

D. 反对

E.强烈反对

答案 ☐

45.每个行业都会从一些规章制度和书面程序中获益，但不久以后，过多的制度和程序就会对该行业产生不利影响。

A.非常赞同

B.赞同

C.既不赞同也不反对

D.反对

E.强烈反对

答案 ☐

46.我完全可以接受模棱两可的回答。

A.非常赞同

B.赞同

C.既不赞同也不反对

D.反对

E.强烈反对

答案 ☐

47.对于许多竞争和苛刻的任务，我能够做得很出色；但对于日常的行政工作，我觉得自己做得远不够格。

A.非常赞同

B.赞同

C.既不赞同也不反对

D.反对

E.强烈反对

答案　[　　　]

48.我想知道别人对我的期望是什么，但不愿意放下一切去帮别人解决问题。

A.非常赞同

B.赞同

C.既不赞同也不反对

D.反对

E.强烈反对

答案　[　　　]

49.授权给别人是不够敬业的人才会做的事情。

A.非常赞同

B.赞同

C.既不赞同也不反对

D.反对

E.强烈反对

答案　[　　　]

人资管理

50.与其总是算计我们的办公用品花了多少钱，不如集中精力提高产品销量。

A.非常赞同

B.赞同

C.既不赞同也不反对

D.反对

E.强烈反对

答案

51.人人都会犯错，所以我们在犯错后最好直接报告上级。

A.非常赞同

B.赞同

C.既不赞同也不反对

D.反对

E.强烈反对

答案

52.我会因为物不尽其用而感到不舒服。

A.非常赞同

B.赞同

C.既不赞同也不反对

D.反对

E.强烈反对

答案

53.我了解有效倾听的重要性。

A.非常赞同

B.赞同

C.既不赞同也不反对

D.反对

E.强烈反对

答案

54.为了更好地进行管理，我们必须全面参与工作中的每一个环节。

A.非常赞同

B.赞同

C.既不赞同也不反对

D.反对

E.强烈反对

答案

55.关于良好的管理，首要的一点就是用人不疑。

A.非常赞同

B.赞同

C.既不赞同也不反对

D.反对

E.强烈反对

答案

56.人员管理的确很重要，但首先是必须满足客户期望。

A.非常赞同

B.赞同

C.既不赞同也不反对

D.反对

E.强烈反对

答案

57.我希望把更多的荣誉归于那些无法用数字来形容的积极成果。

A.非常赞同

B.赞同

C.既不赞同也不反对

D.反对

E.强烈反对

答案 ☐

自我激励

58.我自身也许会有许多缺点，但不包括缺乏干劲这一条。

A.非常赞同

B.赞同

C.既不赞同也不反对

D.反对

E.强烈反对

答案 ☐

59.我认为我是最有资格对自己成长负责的人。

A.非常赞同

B.赞同

C.既不赞同也不反对

D.反对

E.强烈反对

答案 ☐

60.在工作中，我更喜欢自己设立目标。

A.非常赞同

B.赞同

C.既不赞同也不反对

D.反对

E.强烈反对

答案 [   ]

61.能够不断拓展的目标才能被称为目标。

A.非常赞同

B.赞同

C.既不赞同也不反对

D.反对

E.强烈反对

答案 [   ]

62.如果想成功地激励他人，那么我们需要让他人觉得自己可以成功。成功是需要被看得见的，所以我们必须有可评估的、清晰明确的绩效指标和反馈信息。

A.非常赞同

B.赞同

C.既不赞同也不反对

D.反对

E.强烈反对

答案 [   ]

63.我最在意的是产生效果，这也是我工作的动力所在。

A.非常赞同

B.赞同

C.既不赞同也不反对

D.反对

E.强烈反对

答案 ☐

64.我最想得到一份通过努力可以有所成就的工作。

A.非常赞同

B.赞同

C.既不赞同也不反对

D.反对

E.强烈反对

答案 ☐

65.工作中没有什么回报比高薪更好了。

A.非常赞同

B.赞同

C.既不赞同也不反对

D.反对

E.强烈反对

答案 ☐

66.我想应聘一个无拘无束、没有阻力的职位。

A.非常赞同

B.赞同

C.既不赞同也不反对

D.反对

E.强烈反对

答案 ☐

67.对我而言，最重要的是要在精英阶层工作。

A.非常赞同

B.赞同

C.既不赞同也不反对

D.反对

E.强烈反对

答案　　　□

68.我想找一份能重视不同观点的工作。

A.非常赞同

B.赞同

C.既不赞同也不反对

D.反对

E.强烈反对

答案　　　□

理想职业的特点

你希望用以下哪种说法来描述自己的下一份工作？例如，你会用什么样的态度来应对一个要求苛刻的职位，你对加班怎么看，你对秩序怎么看，以及你对混乱怎么看。雇主想了解你的看法，因为他们希望聘用的人能够用正确的方法来处理工作。

思考以下情景，并想好如何回答这些问题。

69.我想要这样一份工作：我只要头脑冷静，就可以把它做好。

A.非常赞同

B.赞同

C.既不赞同也不反对

D.反对

E.强烈反对

答案 ☐

70.我最喜欢可以全身心投入地应对挑战。

A.非常赞同

B.赞同

C.既不赞同也不反对

D.反对

E.强烈反对

答案 ☐

71.对我的干扰越少,我的工作状态就越好。

A.非常赞同

B.赞同

C.既不赞同也不反对

D.反对

E.强烈反对

答案 ☐

72.如果我的职位会让每封邮件都提到我,我就可以把这份工作做到极致。

A.非常赞同

B.赞同

C.既不赞同也不反对

D.反对

E.强烈反对

答案 ☐

73.我现在的工作是每天工作 7 个小时，至于下一份工作的时间，入乡随俗就好 。

A.非常赞同

B.赞同

C.既不赞同也不反对

D.反对

E.强烈反对

答案 ☐

74.如果工作开始影响我的家庭生活，那么我会感到不满。

A.非常赞同

B.赞同

C.既不赞同也不反对

D.反对

E.强烈反对

答案 ☐

75.我更喜欢高度有序的状态，如果事情不按计划进行，那么我会倍感压力。

A.非常赞同

B.赞同

C.既不赞同也不反对

D.反对

E.强烈反对

答案

临危心态

在公司文化和工作实践中，一个重要的方面是公司应对风险的办法。一些雇主想做出最安全、保险的选择，而一些雇主则希望打破传统并承认这样做存在一定的风险。许多公司都是靠程序进行管理的，并且高度规范，它们也在寻找能够适应这种公司文化中的人。

76.风险越大，潜在的收益越高。

A.非常赞同

B.赞同

C.既不赞同也不反对

D.反对

E.强烈反对

答案

77.避免亏损的重要性总是被人们低估。

A.非常赞同

B.赞同

C.既不赞同也不反对

D.反对

E.强烈反对

答案

78.规范会扼杀人们的创造力。

A.非常赞同

B.赞同

C.既不赞同也不反对

D.反对

E.强烈反对

答案

79.成功永远属于勇者。

A.非常赞同

B.赞同

C.既不赞同也不反对

D.反对

E.强烈反对

答案

80.如果客户满意，这就意味着其他一切都会不错。

A.非常赞同

B.赞同

C.既不赞同也不反对

D.反对

E.强烈反对

答案

适当反馈

雇主越来越多地使用个性测试，以预测应聘者一旦被录用会在工作中有什么表现。因此，雇主想尽量排查出那些可能采用错误方法的候选人。例如，看谁可能会对健康安全、机会均等、申诉处理或权威人士有不恰当的处理方式。

当你在处理这些问题的时候，你的方式需要略有不同，尤其是必须避开错误答案。我的意思是，如果你选择了错误答案，这就表明你在工作中可能会有不恰当的表现。因此，公司不会录用你。

对于你当下的这份工作来说，公司可能也会与你签署雇佣合同，还会附加一些政策性文件，这些文件也是合同的一部分。在你完成个性测试之前，仔细阅读合同和文件里面的内容会帮你了解员工的职责以及雇主对你的合理期待。例如，申诉处理程序应该表明，你如果对任何事情感到不满意，那么应在第一时间通知经理。机会均等政策应该表明，每个员工都不应担心因种族、性别、性取向或残疾而遭到歧视，每个员工都有责任助力创造这样的工作环境。健康安全政策要求所有员工一旦发现危险苗头就立即上报。绝大多数雇主都会提出这类大同小异的招聘条件。

借助以下问题，你可以考虑一下自己如何在个性调查问卷中回答此类问题。从雇主的角度来思考问题，你可以问问自己，是否某个特定的答案可以表明自己是一名合格的雇员。

81.粗鲁的顾客和友好的顾客不应得到同一水准的服务。

A.非常赞同

B.赞同

C.既不赞同也不反对

D.反对

E.强烈反对

答案　　　□

82.有时，不大声说话就不能清楚地表达观点。

A.非常赞同

B.赞同

C.既不赞同也不反对

D.反对

E.强烈反对

答案　　　□

83.在工作中，有时需要说个无关紧要的谎。

A.非常赞同

B.赞同

C.既不赞同也不反对

D.反对

E.强烈反对

答案　　　□

84.如果个人问题影响了自己的工作表现，那么我会立即告知我的部门经理。

A.非常赞同

B.赞同

C.既不赞同也不反对

D.反对

E.强烈反对

答案　　　□

85.你认为自己肯定不会与某些人打交道。

A.非常赞同

B.赞同

C.既不赞同也不反对

D.反对

E.强烈反对

答案 ☐

86.在工作中，你不会去说别人不想听的事情，以免激怒他人。

A.非常赞同

B.赞同

C.既不赞同也不反对

D.反对

E.强烈反对

答案 ☐

87.当出现问题时，最好先解决问题，再汇报给主管。

A.非常赞同

B.赞同

C.既不赞同也不反对

D.反对

E.强烈反对

答案 ☐

88.我更喜欢发号施令，而不是听别人吩咐。

A.非常赞同

B.赞同

C.既不赞同也不反对

D.反对

E.强烈反对

答案 ☐

89.我不太担心工作是否有风险。

A.非常赞同

B.赞同

C.既不赞同也不反对

D.反对

E.强烈反对

答案 ☐

90.如果有人一直让我心烦,那么我早晚会以其人之道还治其人
之身。

A.非常赞同

B.赞同

C.既不赞同也不反对

D.反对

E.强烈反对

答案 ☐

91.如果我看到有人被欺负,那么我会汇报给主管。

A.非常赞同

B.赞同

C.既不赞同也不反对

D.反对

E.强烈反对

答案 ☐

92.在工作中，同事之间开玩笑很正常，但有些人不愿意开玩笑，所以他们需要放松一点儿。

A.非常赞同

B.赞同

C.既不赞同也不反对

D.反对

E.强烈反对

答案 ☐

93.对于有些工作来说，女性比男性做得好，而有些工作则恰恰相反，这是很自然的事情。

A.非常赞同

B.赞同

C.既不赞同也不反对

D.反对

E.强烈反对

答案 ☐

94.大家都会顺手从单位给孩子带几支笔或几张纸，这种不算偷窃。

A.非常赞同

B.赞同

C.既不赞同也不反对

D.反对

E.强烈反对

答案   □

95.如果有人没做好自己分内的工作，那么这样对同事不太公平。

A.非常赞同

B.赞同

C.既不赞同也不反对

D.反对

E.强烈反对

答案   □

96.如果客户对提供的服务感到不满，那么我会仔细倾听他们的投诉，跟他们解释接下来我会做些什么，并在落实后反馈给客户。

A.非常赞同

B.赞同

C.既不赞同也不反对

D.反对

E.强烈反对

答案   □

97.如果我无法按时完成全部工作，那么我会熬夜加班完成工作。

A.非常赞同

B.赞同

C.既不赞同也不反对

D.反对

E.强烈反对

答案   □

98.如果我完成所有任务后还有富余时间，那么我会主动去帮助较忙的同事。

A.非常赞同

B.赞同

C.既不赞同也不反对

D.反对

E.强烈反对

答案 ☐

99.我认为要求我做工作职责以外的事情是不对的。

A.非常赞同

B.赞同

C.既不赞同也不反对

D.反对

E.强烈反对

答案 ☐

100.如果我想在午饭时间喝点酒，那么这与老板无关。

A.非常赞同

B.赞同

C.既不赞同也不反对

D.反对

E.强烈反对

答案 ☐

101.如果我在工作中遇到危险的情况，那么我会想尽办法通知相关领导。

A.非常赞同

B.赞同

C.既不赞同也不反对

D.反对

E.强烈反对

答案 ☐

102.只要我还有一丝希望，我就会据理力争。

A.非常赞同

B.赞同

C.既不赞同也不反对

D.反对

E.强烈反对

答案 ☐

事态感知能力

此类问题会指定一个情景，需要你从参考回应中做出选择。你的任务就是给每一种参考回应按照最恰当的、可以接受的和难以接受的顺序排列。参考回应的数量可能多于给出的需要排列的级别的数量，将你的排序写入答案框内。

在参考回应中选出你的最佳答案。如果你觉得有两个或两个以上的选项都属于最恰当的回应，那么你不要都选A，而要都选B，即可以接受的回应。同时，你也可能认为那些参考回应中没有最恰当的或最能让人接受的选项，那么你不要选A或B，而应选C。下面以第一种情景的问题及解析为例。

情景 1

你是公司里唯一的黑人，你认为自己受到的待遇和同事受到的待遇不同。因为你轮到的班次总是大家不喜欢的，而且别人都有加班费，你却没有。当同事喊你的名字时，你的担心便得到了证实，因为你的肤色会明显地反映出你的种族。你非常不自信，常感到被羞辱和身体不适。

将下列参考回应评级为：

A.最恰当的回应

B.可以接受的回应

C.难以接受的回应

参考回应：

1.什么也不说，什么也不做。因为如果你不回应，他们叫你名字的目的就实现不了，他们自然也就觉得无趣了。

2.与可能遇到同样问题的同事交谈。如果他们遇到了同样的问题，那么你们可以一起商量该如何回应。

3.把谁说了什么、在什么时候、在什么样的情况下和所有见证者都记录下来，这些会成为至关重要的证明材料，以证明你受到了种族歧视。

4.找出你的雇主在工作中是否有关于种族主义的特殊规定，或者是否有一套可以用来提出问题和解决问题的申诉程序。

答案

1	2	3	4
C	C	B	B

解析

种族歧视是指一个人因种族、肤色、国籍或民族出身而受到不平等待遇。种族歧视是违法行为。你的雇主应负责确保工作场所内不存在种族主义。员工因种族故意歧视同事或助长歧视之风，均属于违法行为。第1种回应属于难以接受的回应，因为它只涉及称呼姓名，而未涉及文章中提到的其他形式的歧视。第2种回应也属于难以接受的回应，因为你是唯一的黑人员工，所以你不可能和其他遇到同样问题的人进行交谈。第3种回应和第4种回应都是比较恰当的，因为它们有可能会结束这种种族歧视行为。第3种回应和第4种回应都不是最恰当的，但如果你同时做了这两件事，既做了记录，又诉诸正式的申诉程序，给你的雇主提供机会消灭歧视，这就再好不过了。

情景2

工作都是脏活，清洗设施十分简陋。因为你没有地方放衣服，所以你只能套上公司提供的防护服。你没有地方休息，也没有地方吃饭。休息时，你就在附近站着；吃饭时，你也只能随便找个地方。一下雨，你就会被淋湿。同事中没有女性，并且不允许非工作人员进入现场，所以你认为没必要提供更衣室，也没必要为孕妇或哺乳期母亲提供适当设施。然而，你确实认为雇主应该提供更好的设施或者至少应该提供某些设施。关于此事，你跟雇主已经讨论过不止一次了，但这样做只被当作在找麻烦。

将下列参考回应评级为：

A.最恰当的回应

B.可以接受的回应

C.难以接受的回应

参考回应：

1.再次私下与雇主谈一谈工作条件差的问题。

2.什么都不做。因为只有雇用5人或5人以上的企业才会配备员工更衣、休息和吃饭的设施。

3.拒绝工作，除非改善设施。不要担心受到纪律处分，因为行业法庭肯定会认同这里工作条件较差的。

4.以书面形式向雇主提出此事，表达你的顾虑以及你认为该怎样重新安排。

你的答案

1	2	3	4

情景3

我有一些观点比较偏激，尤其是关于动物保护的，但这一般不会影响我与同事之间的工作关系。然而，在上周的一次茶歇中，一位同事说把没人要的小猫溺死在水桶里无伤大雅，我就和他激烈地辩论起来。事态的发展有点失控，我觉得我们都说了一些自己并不是真正想说的话。自那以后，除了必要的与工作相关的交流之外，我们就没有说过话。我对这种情况感到焦虑不安、压力重重，而且这种状态正在影响我的工作。

将下列参考回应评级为：

A.最恰当的回应

B.可以接受的回应

C.难以接受的回应

参考回应：

1.我会尝试与同事私下商量解决问题。如果没用，我就会和主管提及此事，看他是否能帮忙解决问题。

2.我先给雇主写信，详细说明自己对同事的不满。

3.询问雇主是否可以将我调到其他部门。如果不可以，我就提出辞职。

4.我先与雇主私下沟通，看看雇主是否能做些什么来改善现状。如果没用，我就对同事正式提出申诉。

你的答案

1	2	3	4

情景4

我对自己工作的唯一不满就是工作量太大。如果我不加班，不给自己加压，那么我根本完不成所有工作。经济衰退让情况越变越糟。公司发起了一个大规模的节约成本活动，这就意味着我要拿更少的薪资和做更多的工作。我发现越来越难承受自己的工作。最后，我去看医生，医生诊断我患了与压力有关的疾病，医生让我一个月都不要工作。

将下列参考回应评级为：

A.最恰当的回应

B.可以接受的回应

C.难以接受的回应

参考回应：

1.在回去上班之前，我会写信给经理，告诉他我的病与工作压力有关，而且是由工作量超负荷造成的。我会要求调换工作，使自己的工作量更合理。

2.在回去工作时，我会注意午休并准时下班。

3.在病假结束后，我会再去看医生，想办法休息一段时间。

4.在回到工作岗位之前，我会写信给经理，告诉他我所患的疾病与压力有关，并且是由过量工作造成的。我会要求见一见经理，这样我们就可以讨论如何调整我的工作，以免我再次生病。

你的答案

1	2	3	4

情景5

亲人离世是我们都要在某个阶段面对的事情。失去亲人十分可怕，即使他们长期卧病，我们也还是会不知所措。当去世的是你的亲近之人时，这会影响你周遭的一切。如果去世的人是你的丈夫、妻子或朋友，那么你的生活会发生翻天覆地的变化，你与朋友、亲戚之间的关系也会因此有所变化。丧亲之后再回到工作岗位通常还有些"好处"：工作会让你不停地忙碌，让一切看起来更加正常。至少你会这样认为。但在实际工作中，你很快会觉得工作压力越来越大，且越来越难应付。最后，你觉得需要和老板谈谈自己的感受。在谈话中，你再也无法掩饰自己的感受，于是痛哭流涕。

将下列参考回应评级为：

A.最恰当的回应

B.可以接受的回应

C.难以接受的回应

参考回应：

1.你要尽可能让自己保持冷静，然后继续谈话。

2.你应该向老板道歉并结束谈话。

3.你应该让自己保持冷静，告诉老板不用考虑你的情况，并尽可能确保工作中的一切保持原样，不要因为自己失去亲人而有所变化。

4.你应该花时间尽可能地让自己冷静下来，然后寻找可行的解决办法，根据实际情况调整自己的工作量。

你的答案

1	2	3	4

情景6

我的经理经常浑身酒气，她似乎白天也喝酒，这让我很不舒服。她似乎总是不知道发生了什么，并经常做出不合常理的要求和决定。她总是休假，这给我们所有人增加了许多额外的压力，因为我们每次见到的代理经理都不是同一个人。我觉得高层的管理让我们陷入一片混乱，而我们却必须在这种氛围中继续工作，这是不公平的。我越来越觉得这是让大家不开心的主要原因。

将下列参考回应评级为：

A.最恰当的回应

B.可以接受的回应

C.难以接受的回应

参考回应：

1.我会去找人力资源部，与他们讨论一下这种情况。

2.显然这主要是老板的问题，所以我只能尽量容忍。

3.我会去找某个人力资源同事，并尽可能以专业的方式向其表达我的顾虑，以求产生共鸣。

4.我会直接找老板讨论自己的疑虑和由她造成的不安。

你的答案

1	2	3	4

情景7

在你工作的地方，有一个组长对员工粗暴是出了名的。例如，他喊员工"臭小子"，团队中的黑人员工觉得这样特别令人反感。他咒骂所有团队成员，用和性有关的脏话侮辱员工的母亲和姐妹，这让人非常厌恶。管理层知道这一点，却不设法阻止。因为你不在这样的组长手下工作，你深感宽慰。

将下列参考回应评级为：

A.最恰当的回应

B.可以接受的回应

C.难以接受的回应

参考回应：

1.支持同事，并与同事一起努力想办法应对欺凌。

2.告诉朋友事情发生的经过。

3.确认雇主是否有条例明确规定如何处理工作中的欺凌行为，或者是否有申诉程序的具体流程规则，鼓励同事借助这些条例和规则处理这个问题。

4.支持同事先与组长私下协商解决问题。如果没有作用，那么他再通过正式途径申诉。

你的答案

1	2	3	4

情景8

同事简生日的当天，你答应下班后与她在酒吧见面喝一杯。你们像平时一样彼此打趣、开玩笑，一切都那么轻松愉快。然而，这时你听到有人拿简的性取向来开玩笑。

将下列参考回应评级为：

A.最恰当的回应

B.可以接受的回应

C.难以接受的回应

参考回应：

1.你会叫取笑简的人白痴，告诉简不要理会那些胡言乱语。

2.让简自己处理此事，事后告诉她自己听到了那些话。如果第二天她在对那个人正式提出投诉时需要你当证人的话，那么她可以告诉你。

3.在工作中说出那些话就是违反了我们的行为准则。如果简愿意的话，那么你应该支持她向冒犯她的人提出申诉。但是，当时是工作之余，因此工作中的那套行为准则并不适用。

4.我们必须接受工作之余无伤大雅的戏谑。如果戏谑让你感到不舒服，那么你应该告诉开玩笑的那个人以后避免类似行为。

你的答案

1	2	3	4

情景9

你在一个支线机场工作，而你的老板就在机场旁边采石，并将回收的岩石粉碎，用于扩建机场停机坪。停机坪用于停放没有飞行任务的飞机。机场一年总有几次繁忙高峰期，停机坪必须在下个忙季到来前及时建成。整个流程的关键是一台巨型的碎石机。碎石机全天无休，以确保及时生产足量的碎石。你的雇主问你是否可以临时帮忙操作一天碎石机，因为正常上班的操作员要请一天假。你知道操作这台机器有很大的潜在风险。

将下列参考回应评级为：

A.最恰当的回应

B.可以接受的回应

C.难以接受的回应

参考回应：

1.你会请当前的操作员演示一下这台机器的操作方法。如果你觉得自己掌握了窍门，你就接下这班工作。

2.你会按老板的要求去操作机器。尽管这一要求显然有一定的风险，但只有5人或5人以上的公司才会预先制订风险计划。

3.你会拒绝操作机器，因为那样做对你来讲不安全。你不要担心受到纪律处分，因为老板不可以让员工做危险的事。

4.你会解释，自己没有接受过正规培训，也没有操作碎石机的经验，但如果公司可以组织必要的培训，那么你会乐意操作。

你的答案

1	2	3	4

情景10

这一情景是关于你所在团队中的一个令人讨厌的成员的。像许多人一样，保罗认为全球变暖威胁着人类的生存。空闲时，他花了很多时间访问气候变化网站，并与团队其他人分享最新的观点。其中一些同事同意他的观点，其他人要么对他的观点没兴趣，要么消极地回应两句——只是想赶紧打发他走开。可是，他极少谈论其他事情，他总是让人改变想法，让人去接受他的观点，你们早就受够他了。也有人会站起来与他争论一番，大家都想制定一条禁令——不允许再谈论气候变化的任何话题。但保罗很固执，他绝不会闭口不谈这个话题。在他看来，任何不同意他看法的人都是在否认确凿的事实。

将下列参考回应评级为：

A.最恰当的回应

B.可以接受的回应

C.难以接受的回应

参考回应：

1.你会向经理汇报此事，问他可否干预一下，尽量不要让这件事再破坏大家的心情。

2.你会建议全体员工就不再讨论气候变化问题达成一致。

3.你会申请调到另外一个团队。

4.你会找人力资源部的人，看看他们是否可以想办法解决问题。

你的答案

1	2	3	4

情景11

与你结婚12年的妻子离开了你，你们俩共同朋友的大多数人都发现，在你们还是夫妻的时候，她就在脸书上发布了自己单身的消息，并说她已经离开了家庭。她早已摘掉了结婚戒指，并开始和其他男人鬼混。尽管你很努力，但婚姻问题正在渐渐影响你的工作。看过脸书消息的同事自然会问你发生了什么，其他人也开始对你工作方法的变化加以评论。你知道，团队领导迟早会问你是否一切还好。

将下列参考回应评级为：

A.最恰当的回应

B.可以接受的回应

C.难以接受的回应

参考回应：

1.你会尽力保证不让家庭问题影响工作。

2.你绝不会向同事和主管提及此事。这样，你的个人问题就不会影响工作了。

3.你会把自己的问题告诉主管，并让他不要告诉任何人。你会尽最大可能不让这件事影响工作。

4.你会告诉同事和主管，请他们帮你把个人生活与工作分开。

你的答案

1	2	3	4

情景 12

　　进入工作所在的大楼时，你发现有个人站在门口。进门时，员工需要把出入证放在刷卡机上才可以打开门，而你用自己的出入证打开了门。你不假思索地扶好门，让那个人进来了。他同你一起进来，并向你表示了感谢。他看起来挺有才干，像商务人士，但你并不认识他。当然，这并不等于他不在这栋大楼里工作，或者不应该进入这栋大楼，因为在这栋大楼里工作的人很多，而你不可能都认识。你决定要看他的出入证，但他拒绝出示并且告诉你，他在保安部门工作，所以不必出示证件。

　　将下列参考回应评级为：

　　A.最恰当的回应

　　B.可以接受的回应

　　C.难以接受的回应

　　参考回应：

　　1.询问他的名字，然后去办公室打电话给保安部门核查他是否在那里工作。

　　2.礼貌地再次请他出示出入证。

　　3.提议陪他到保安部门，这样你就可以确认他是否在那里工作。

　　4.事情到此为止。

你的答案

1	2	3	4

情景13

同事向你抱怨团队中某个成员有很重的体味。有几次,你自己也注意到了那个同事难闻的体味,但你决定不和任何人提起,因为你知道每个人都有些尴尬的隐私。

将下列参考回应评级为:

A.最恰当的回应

B.可以接受的回应

C.难以接受的回应

参考回应:

1.你应该私下里和抱怨的同事解释一下那个人的私人问题,并请大家给予更多的理解。

2.决定在下一次团队会议上和那个同事提一下这个问题,并告知其他同事你会处理好这件事。

3.让同事不要再谈论此话题,但你也不会去解决问题。

4.与有体味的同事私下见面,让他多注意个人卫生。

你的答案

1	2	3	4

情景 14

你无意中听到两名员工之间的谈话很激烈，他们都不是你团队里的成员。你听到其中一个人用暴力威胁另一个人，你感到十分震惊。你认识这两个当事人，所以你不敢相信自己听到的一切。在暴力威胁后，双方意识到了你的存在，谈话突然中止。

将下列参考回应评级为：

A.最恰当的回应

B.可以接受的回应

C.难以接受的回应

参考回应：

1.你会表现出什么都没听到的样子，不想参与此事。

2.你会按照员工手册中规定的程序处理此事。

3.你会联系他们各自的主管，报告此事。

4.你会先与这两个人谈话，向他们解释你听到了什么，告诉他们你认为这是一件非常严重的事情，他们两个人需要在不诉诸暴力的情况下解决问题。

你的答案

1	2	3	4

情景 15

你因某个员工在报告中出现语法错误而批评了他，但该员工说报告不是他写的。你意识到自己错了，但是当事人非常愤怒，开始大喊大叫，并说了一些难听的话。

将下列参考回应评级为：

A.最恰当的回应

B.可以接受的回应

C.难以接受的回应

参考回应：

1.你会打断他，让他不要再叫喊，不许说脏话。你会告诉他，等他冷静下来再跟他谈。然后，你转身离开，丢下他不管。

2.你会让他先发表个人看法，然后道歉并收回你的批评。

3.你会让他说完，然后冷静地告诉他不要大喊大叫，不要出口伤人，然后道歉并收回你的批评。

4.你会打断他，让他停下来，并解释一下。你希望为自己的过错道歉，但是他一直大喊大叫、口出脏话，让人无法接受。如果他不立即停下来，你就会选择走开，稍后再和他讨论这个问题。

你的答案

1	2	3	4

情景 16

你公司的一位访客说，自己的手机和一包糖果在他离开工作间去厕所时不见了。房间里有一个大牌子，上面写着请看管好个人财物。一旦个人物品丢失或损坏，公司概不负责。房间里安装了摄像头。当查看录像时，你看到一名员工进入了该房间，似乎从桌子上拿走了什么东西。你盘问了此人，他承认他拿走了糖果，但否认拿走了手机。

将下列参考回应评级为：

A. 最恰当的回应

B. 可以接受的回应

C. 难以接受的回应

参考回应：

1. 你会报警，汇报其偷盗行为，告诉警察你们有监控，录像上几乎已经确定了窃贼的身份。另外，一名工作人员已承认偷走了其中一件物品。

2. 你会让那名员工归还糖果，并向访客道歉。你会向该访客说明，你没有办法帮他找回丢失的手机，而且还要提醒他注意房间里公告牌上的说明。

3. 你会搜查每个人的办公桌和口袋，看看是否能找到那部手机。

4. 你会给该访客和那名员工安排一次会面，这样该员工就可以清楚解释，他只拿走了糖果，也可以有机会向访客道歉。

你的答案

1	2	3	4

情景 17

你的某个团队成员抱怨压力大，并且觉得心里不踏实。你私下和他谈话，他解释说，每当工作中出现问题时，他都会感到焦虑、无助，不知道怎么才能把事情做好。

将下列参考回应评级为：

A. 最恰当的回应

B.可以接受的回应

C.难以接受的回应

参考回应：

1.你会给他解释一下他的职务和职责范围，并说明如何在整个团队中熟悉这些职务和职责，并告诉他可以随时找你谈话。

2.你会建议他去看医生。

3.你会询问他你是否可以帮忙做些什么来减轻他的压力和忧虑。

4.你会鼓励他重整旗鼓，振作起来。

你的答案

1	2	3	4

情景18

你按照正常流程为团队招收了一名新成员（女），却发现该女子有阅读障碍，这让你深感意外。

将下列参考回应评级为：

A.最恰当的回应

B.可以接受的回应

C.难以接受的回应

参考回应：

1.你会问她，要完成分配任务，她是否有特殊的要求。如果她需要特殊照顾，那么你会尽你所能来为她提供方便。

2.你会告诉她，你坚信机会均等，并且会一视同仁。

3.你会告诉她，你接受她意味着要给她提供多方面的支持，你对此表示担心。

4.你会询问她，患有阅读障碍症是否意味着她无法承担部门预期的一些高标准任务。

你的答案

1	2	3	4

情景19

管理员工托儿所的员工是你职责范围之内的事情。目前，托儿所有一个保育员职位空缺。你与托儿所主管开会来选拔应聘者。其中一位应聘者是男性，主管说不应该接受他的申请，因为不能让一名男保育员独自照顾孩子，也不允许他独自给孩子换尿布。

将下列参考回应评级为：

A.最恰当的回应

B.可以接受的回应

C.难以接受的回应

参考回应：

1.你会接受主管的建议——拒绝这位应聘者。

2.你会建议先停止筛选，找机会重新了解托儿所的政策文件和程序，再进行筛选。

3.你会首先表明希望获得人力资源部的指导意见，证明在此种情况下这样处理是恰当的。

4.你不同意拒绝应聘者，并指出如果你这样做了，这就是性别歧视。你认为性别歧视是错误的做法。

你的答案

1	2	3	4

情景20

获得理想职位的第一天，你异常兴奋。你简直不敢相信自己可以这么幸运，能带领团队来完成一个如此重要的国家级项目，并引来如此巨大的关注。你很清楚，如果能够在这个高位上好好表现，那么自己的职业生涯会步步高升。你接到一个国家级报社的记者打来的电话，对方要求你回答一些问题，并为第二天早上即将刊登在报纸上的一篇文章提供评论。此时，你更坚信自己的判断了。

将下列参考回应评级为：

A.最恰当的回应

B.可以接受的回应

C.难以接受的回应

参考回应：

1.你会向记者询问其电话号码，告诉她你一旦找到处理此事的最佳人选，就给她回电话。

2.你会解释说自己刚刚上任，如果文章中不提及你的名字，那么你很乐意提供评论。

3.你会坦诚地回答记者的问题。

4.你会告诉记者自己刚刚上任，在发表任何评论之前，必须考查一下怎样行事才是正确的。

你的答案

1	2	3	4

情景 21

这是你加入新团队的第一天，如果要你来组织团队，那么你会怎么做。

将下列参考回应评级为：

A.最恰当的回应

B.可以接受的回应

C.难以接受的回应

参考回应：

1.从练习打破僵局开始，你与每位团队成员轮流进行自我介绍。

2.先与整个团队见面，然后再与每位成员单独会面。

3.与团队成员一个接一个地开会，并要求员工把自己的项目文件带到会议上，这样就可以和他们一起查阅文件。

4.第一天独自一人阅读所有的背景材料和文件。

你的答案

1	2	3	4

情景 22

你觉得目前的工作职位对你来说是一种考验，因为这个职位很无聊。最初，你对新的任命十分热情，但最终发现这个职位并非你期望的那样，反而阻碍了自己的发展，因为你把时间都浪费在了简单的行政管理上。其实，在你看来，这一工作可以由行政主管来负责，完全不需要像自己这样的高级执行人员负责。

将下列参考回应评级为：

A.最恰当的回应

B.可以接受的回应

C.难以接受的回应

参考回应：

1.不管怎样，你都会坚持尽自己所能做最好本职工作。

2.你会要求与主管见面，向他表明自己的感受。

3.你会一直等到年度总结，借此机会来表明自己的感受。

4.你会开始寻找下一份工作。

你的答案

1	2	3	4

第4章

言语推理

扩充词汇量，重新温习单词的使用规则，这样可以让你在这些常规测试中的得分显著提高。随着测试一天天临近，本章提供的练习会让你信心倍增、反应提速、作答精准。

大多数心理测试都会有言语推理测试部分，这一特色项目常用来测试申请人的词汇理解能力和使用规则，即语法知识。

本章涵盖了各种题型，举例过百，提供了数小时的练习。留出足够的时间用来做这部分练习，你会在常规测试中有更好的表现。

这些材料包含不同题型的练习，会让你保持敏锐，时刻准备应对最终可能遇到的每一种测试。

如果你没有词典，那么你可以先买一本词典，再买一本同义词词典，让自己养成每天都查词典的习惯。你可以在方便的时候随时阅读高水平的文章，比如在上下班途中或者在周末闲暇的时候。

你也可以在"终极求职系列"书目中另找材料针对同一题型进行深入练习。

中级水平

《言语推理测试手册》（700 多道练习题）

高级水平

《如何通过研究生心理测试》（第4版）

《研究生心理测试手册》（第2版）

《如何通过高级言语推理测试》（第2版）

词语接龙

在以下两列分别找出一词，要求这两个词意思最相近或联系最
紧密。

1. A. Bargain   D.Property

   B. Purchase   E. Acquisition

   C. Leverage   F. Positive

答案 ☐

2. A. Recognition   D. Acknowledgement

   B. Denial   E. Reckon

   C. Ignore   F. Acquaintance

答案 ☐

3. A. Fashionable   D. Dejected

   B. Liable   E. Blame

   C. Counsel   F. Accountable

答案 ☐

4. A. Constant   D. Variable

   B. Valuable   E. Ridged

C. Flexible   F. Flow

答案　□

5. A. Resentment   D. Attachment

 B. Embarrassment E. Argument

 C. Supplement   F. Statement

答案　□

6. A. Adapt   D. Obscure

 B. Observe   E. Respect

 C. Believe   F. Disregard

答案　□

7. A. Jagged   D. Affected

 B. Justified   E. Competing

 C. Adjoining   F. Juxtaposed

答案　□

8. A. Suspension   D. Instruction

 B. Hasten   E. Disappointment

 C. Intentional   F. Deferral

答案　□

9. A. Discriminate   D. Negotiate

 B. Cultivate   E. Generate

 C. Arbitrate   F. Initiate

答案　□

10. A. Fix   D. Concoct

 B. Secure   E. Rectify

C. Expose   F. Trouble

答案 ☐

11. A. Governing Body   D. Advise

B. Counsel   E. Authority

C. Delegate   F. Advocate

答案 ☐

注：此类题型中，参考答案通常不止一组，但你必须从中选出联系最为紧密的一组。

12. A. Itemize   D. Glance

B. Observe   E. Sketch

C. Outline   F. Explain

答案 ☐

13. A. Serious   D. Expedient

B. Beneficial   E. Benevolent

C. Favourite   F. Favourable

答案 ☐

14. A. Willing   D. Overbearing

B. Considerate   E. Wretched

C. Oppressive   F. Immerse

答案 ☐

15. A. Prime   D. Prior

B. Pride   E. Procedure

C. Preceding   F. Subsequent

答案 ☐

词语接龙——同义词

在以下词语接龙中，找出两个含义最相近或联系最紧密的词语，这样的词被称为同义词。

16. Corporate is to conglomerate as：

    focus is to   A. diverge

                            B. aim

                            C. fringe

    答案

17. Observant is to vigilant as：

    align is to   A. disembark

                            B. fondness

                            C. affiliate

    答案

18. Symbolic is to metaphorical as：

    all is to   A. every

                            B. the

                            C. of

    答案

19. Alleviate is to mitigate as：

    adverse is to   A. opponent

                            B. fortunate

                            C. ill-starred

    答案

20. Nullify is to quash as:

insincerity is to　　　　　A. platitude

B. genuine

C. forthright

答案　　□

21. Relent is to acquiesce as:

remiss is to　　　　　A. diligent

B. sensible

C. imprudent

答案　　□

22. Rebuke is to reprimand as:

contingent is to　　　　　A. fortuitous

B. deliberate

C. incidental

答案　　□

23. Genre is to class as:

obsolete is to　　　　　A. modern

B. outmoded

C. watchful

答案　　□

24. Deceit is to fraud as:

decision is to　　　　　A. conclusion

B. solve

C. indecision

答案 ☐

25. Uphold is to sustain as:

    magnitude is to   A. infinitive

                              B. charm

                              C. proportion

答案 ☐

26. Announce is to declare as:

    characterize is to   A. disposition

                              B. portray

                              C. distinguished

答案 ☐

27. Objective is to goal as:

    judge is to   A. punish

                              B. appraise

                              C. forensic

答案 ☐

28. Co-ordinate is to harmonize as:

    commodity is to   A. primary product

                              B. brown goods

                              C. bonds

答案 ☐

29. Responsive is to elastic as:

    rival is to   A. colleague

                              B. partner

C. Competitor

答案 ☐

30. Manufacture is to production as：

　　lease is to

A. agreement

B. ownership

C. liberate

答案 ☐

31. Niche is to segment as：

　　perks are to

A. deductions

B. benefits

C. taxation

答案 ☐

32. Train is to teach as：

　　services are to

A. utilities

B. churches

C. commodities

答案 ☐

33. Amount is to volume as：

　　abrupt is to

A. courteous

B. private

C. brusque

答案 ☐

34. Get back is to return as：

　　distribute is to

A. collect

B. allocate

C. manage

答案

词语接龙——反义词

从参考答案中找出与左侧所给单词意义相反的选项。

35. Ascend   A. Surmount

B. Escalate

C. Descend

答案

36. Scornful   A. Jovial

B. Mocking

C. Sneering

答案

37. Warrant   A. Authorize

B. Prohibit

C. Ratify

答案

38. Shrewd   A. Foolish

B. Discerning

C. Intelligent

答案

39. Plummet   A. Decline

B. Rise

C. Falter

答案 ☐

40. Tortuous
A. Safeguard

B. Meandering

C. Direct

D. Devious

答案 ☐

41. Aggravate
A. Vex

B. Annoy

C. Pacify

答案 ☐

42. Annul
A. Confirm

B. Rescind

C. Cancel

答案 ☐

43. Respect
A. Admire

B. Despise

C. Exalt

答案 ☐

44. Relapse
A. Recede

B. Progress

C. Retreat

D. Worsen

答案 ☐

45. Arrest
A. Impede
B. Hinder
C. Check
D. Accelerate

答案 ☐

46. Unfaltering
A. Courageous
B. Irresolute
C. Inflexible
D. Adamant

答案 ☐

47. Replenish
A. Restock
B. Stock
C. Exhaust
D. Provide

答案 ☐

48. Answer
A. Echo
B. Reply
C. Question
D. Respond

答案 ☐

49. Lucrative
A. Unprofitable
B. Unlimited
C. Advantageous

答案 [ ]

50. Exact

    A. Conscientious

    B. Lax

    C. Advantageous

答案 [ ]

51. Counter

    A. Confirm

    B. Rebut

    C. Deny

答案 [ ]

52. Purified

    A. Pure

    B. Clarified

    C. Crude

    D. Refined

答案 [ ]

53. Right

    A. Amend

    B. Redress

    C. Remedy

    D. Wrong

答案 [ ]

54. Distraction

    A. Amusement

    B. Work

    C. Pastime

    D. Hobby

答案 [ ]

55. Sway

                          A. Deter

                          B. Entice

                          C. Allure

                          D. Coax

答案 ☐

56. Steep is to gradual as:

   bicker is to   A. agree

                          B. wrangle

                          C. scrap

答案 ☐

57. Solemn is to frivolous as:

   rudimentary is to   A. basic

                          B. sophisticated

                          C. fundamental

答案 ☐

58. Cower is to stand as:

   devastating is to   A. damaging

                          B. cataclysmic

                          C. beneficial

答案 ☐

59. Contend is to agree as:

   scramble is to   A. scurry

                          B. dawdle

                          C. sprint

答案 ☐

60. Disdain is to respect as:

disseminate is to   A. collect

B. broadcast

C. disperse

答案 ☐

61. Incentive is to deterrent as:

terrific is to   A. rich

B. poor

C. marvellous

答案 ☐

62. Impromptu is to rehearsed as:

audit is to   A. inspect

B. scrutinize

C. ignore

答案 ☐

63. Particular is to general as:

speculation is to   A. reality

B. surmise

C. hypothesis

答案 ☐

64. Alleviate is to irritate as:

disagreeable is to   A. repulsion

B. pleasant

C. nastiness

答案 ☐

65. Complicate is to clarify as：

busy is to

A. slack

B. limp

C. lax

答案 ☐

66. Memorable is to ordinary as：

tortuous is to

A. devious

B. meandering

C. direct

答案 ☐

67. Divulge is to conceal as：

percentage is to

A. fraction

B. whole

C. decimal

答案 ☐

68. Savage is to mild as：

tangible is to

A. insensitive

B. appreciable

C. imperceptible

答案 ☐

69. Different is to corresponding as：

superior is to

A. elder

B. junior

C. manager

答案 [   ]

70. Presently is to later as:

infrequently is to

A. scarcely

B. seldom

C. often

答案 [   ]

71. Captivity is to freedom as:

fit is to

A. compulsive

B. competent

C. incapacitated

答案 [   ]

72. Disgrace is to honour as:

alarmist is to

A. optimist

B. scaremonger

C. outright

答案 [   ]

73. Eminent is to unknown as:

descendant is to

A. accent

B. ancestor

C. family

答案 [   ]

寻找新词

此类言语推理测试要求找出一个含有四个字母的单词，这个单词必须包含其中一个给定词语的结尾与下一个词的开头。答案可能不止一个，你只需写出一个即可。

74. lumpy   sweat   ourselves   答案 ☐

75. anthropoid   learning   peppery   答案 ☐

76. welcome   guarantee   muddle   答案 ☐

77. result   motivation   lyric   答案 ☐

78. handlebar   identify   succulent   答案 ☐

79. recharge   nephew   handful   答案 ☐

80. nature   lyric   composer   答案 ☐

81. alcohol   swear   charcoal   答案 ☐

82. glorify   tormentil   tutor   答案 ☐

83. hour   geology   rescind   答案 ☐

84. unearth   overhear   library   答案 ☐

85. offspring   incision   toxic   答案 ☐

86. gastric   humane   engage   答案 ☐

87. ashore   airline   archer   答案 ☐

88. lapse   multi-media   lifeboat   答案 ☐

89. Hindu   typical   peddle   答案 ☐

90. reserve   proposal   electricity   答案 ☐

91. defuse   education   voyage   答案 ☐

92. flatter   muscle   scream   答案 ☐

93. jaded   piano   teaspoon   答案 [   ]

94. jersey   elliptical   monster   答案 [   ]

95. cockroach   aplomb   winkle   答案 [   ]

96. insult   ignore   alternate   答案 [   ]

97. monumental   epidemic   fortify   答案 [   ]

98. taste   arduous   season   答案 [   ]

99. staff   lagoon   scuffle   答案 [   ]

100. contest   scientific   ultimate   答案 [   ]

101. flotsam   epicentre   anonymous   答案 [   ]

102. effigy   enzyme   aluminium   答案 [   ]

103. rumpus   habit   tension   答案 [   ]

104. siphon   lyric   notebook   答案 [   ]

105. wobbly   echo   petrol   答案 [   ]

106. amoeba   nervous   rummage   答案 [   ]

107. conjuror   parabola   stringy   答案 [   ]

108. litmus   throttle   needle   答案 [   ]

109. hypnotize   rough   scribble   答案 [   ]

110. aurora   censure   official   答案 [   ]

111. altogether   momentum   alternate   答案 [   ]

112. ideal   lynch   senior   答案 [   ]

113. windfall   mask   incapable   答案 [   ]

114. into   negotiate   hoist   答案 [   ]

115. underline   mode   afraid   答案 [   ]

116. envelop   almighty   rumour   答案 [   ]

117. island   miscellaneous   thwart　　答案　[　　]

118. physical   American   inedible　　答案　[　　]

119. helmet   charcoal   selfish　　答案　[　　]

120. normal   prig   asphalt　　答案　[　　]

121. international   usherette   apartment　　答案　[　　]

122. wrestle   maybe   statute　　答案　[　　]

123. commonwealth   athletic   nonsense　　答案　[　　]

124. also   urgent   inventor　　答案　[　　]

交换词语位置

下列各题中，每道题都需要互换两个词的位置，才能使句子通顺。

125. Don't try to be yourself else, be someone.

答案　[　　]

126. Breaking up to hard is do.

答案　[　　]

127. Squabbles is so often the root of family money.

答案　[　　]

128. Every Americans of generation has thought itself more stressed out than the last.

答案　[　　]

129. Sometimes these remedies can result remarkably quickly, with a positive work occurring within hours.

答案 [　　　　　]

130. As steady she goes.

答案 [　　　　　]

131. We met in a city in the heart of the café of Milan.

答案 [　　　　　]

132. Book publishing is big business – the industry is worth £4 billion and more than 12 000 books are published in the UK a year, each third of which are exported.

答案 [　　　　　]

133. The spokeswoman for the company 'Archrival' said it would give a board and shareholders of 'Goodbuy' the further two weeks to consider its improved takeover bid.

答案 [　　　　　]

134. A two-hour drive of 200 kilometres from the motorway on Milan would bring you to the Mediterranean Sea.

答案 [　　　　　]

135. Reporting to the Chief Accountant, the challenging candidate will work in a successful environment providing high-level economic analysis on diverse, key industrial issues.

答案 [　　　　　]

136. Good employees establish unity of purpose and direction among the leaders of an organization.

答案 [　　　　　]

137. We know evolution happens because of a convergence of

evidence from developed fields of science, together they reveal that life diverse driven by the process of natural selection.

答案

138. People will be better motivated and understand the organization goals and objectives if miscommunication between the levels of an organization's are avoided.

答案

139. The distances to remote galaxies are increasing and this inflation can be explained with an analogy of the expansion of a balloon.

答案

140. A fuel cell powered car is an electric supplied vehicle with effectively a refuelable battery that keeps generating electricity so long as hydrogen and oxygen are powered.

答案

141. A new hypothesis puts forward the human view that global warming in fact started thousands of years before the industrial revolution caused by unfashionable deforestation and farming.

答案

142. The scene of the rich at play could be played out anywhere in the world, the vase of orchids, a man in a bar speaking into a mobile phone, laughter from the suit and an elegantly dressed woman checking in at reception.

答案

143. Paula wrote that American bull markets were long overdue a

correction as they were in her opinion greatly overvalued after the longest financial market in economic history.

答案

144. As far as economic management is concerned he was very lucky to inherit what he did, growth had already fallen and inflation had returned, importantly, the lessons of the deep recession had been learnt.

答案

145. France's National Assembly approved a constitutional treaty to allow for the referendum on the European Union's constitutional change and a date for the referendum was set for 2005.

答案

146. Last year's records from England and Wales suggest that marriage is still more popular than divorce as 57 000 couples were married against 150 000 divorced.

答案

147. Drive into Liverpool from Manchester and the route of economic dereliction that once dominated the signs are now almost all gone.

答案

148. Speaking on his mobile phone he would argue, pour and romantic secrets out talk so loudly that everyone on the bus would find it hard not to listen.

答案

149. The most important tenet of foreign policy for America is to maintain good relations with its powerful neighbour and most dominant

trading partner Mexico.

答案 ☐

150. Comparisons between India and China are tempting because they are both large agricultural societies that are undergoing economic development at a fantastic rate but China is fundamentally an open society while India is still intolerant of dissent.

答案 ☐

151. Manufacturing has spread from its origins of setting up and running a company's IT systems and now provides a multitude of services including finance, accounting, human resources, design and even outsourcing.

答案 ☐

句子顺序

将下列句子重新按照原始表达排序。

152. A.冥王星曾是第九大行星[①]，也是离太阳最远的矮行星。B.比起木星、土星、海王星和天王星这几个拥有大量稠密的气态的巨型行星，冥王星则显得微不足道。C.我们的太阳系有九大行星，它们都是由太阳形成后留下的气体和尘埃形成的。

答案 ☐

----

① 2006 年 8 月 24 日，冥王星从太阳系九大行星中除名，现称太阳系八大行星。
——编者注

153. A.北部山区多良田，发达工业聚集，气候凉爽湿润。B.该国由大陆半岛、西西里岛和撒丁岛组成。C.南方较为干热，多靠农业和旅游业，而不是工业，而且有活火山。

答案　[　　　　]

154. A.这就是污染。B.环境污染可能是局部问题，也可能是全球性问题，绝大多数动植物都无法幸免。C.工农业的有害副产品进入环境。

答案　[　　　　]

155. A.大型建筑物的地基是建造房屋的基础。B.它们一般有屋顶、墙体和地面。C.从塔楼、超市到园林，各种建筑物大小不同，形态各异。D.尽管它们都为我们和我们的财产提供庇护，但它们是各不相同的。

答案　[　　　　]

156. A.从其他角度来看，食物也很重要。B.凡是我们能够消化掉的，都是食物。C.我们从摄入的食物中获取能量和身体必需的营养物质。D.食物摄入不足或者过量都有害健康。

答案　[　　　　]

157. A.城市生活的急速发展在很大程度上是未经计划的。B.相反，如今世界上有一半的人都居住在城市里。C.因此，住房短缺、基础配套设施不全这样的问题屡见不鲜。D. 200多年前，绝大多数人居住在农村或小城镇里。

答案　[　　　　]

158. A.它能保护我们不受太阳光有害射线的伤害，并留住太阳的热量。B.地球被无色无味的气体包围着。C.这些气体主要是氮气和氧气，也包括二氧化碳和一种叫作氩的稀有气体。D.没有大气层，地球上不可能有生命存在。

答案 _____

159. A.塑料已成为世界上人们使用最多的材料。B.而橡胶则例外，它是从树上提取的天然材料。C.其分子是由许多很长的原子链组成的。D.大多数塑料都是由人们从油中提取的化学物质再合成的。

答案 _____

160. A.然而，肌肉虽然可以拉伸，但不能推压。因此，大多数运动靠一组肌肉反向拉伸。B.肌肉一端与静止的骨骼相连，另一端与活动的骨骼相连。C.肌肉收缩产生运动。D.肌肉在收缩时会牵动活动着的骨骼。

答案 _____

161. A.买卖双方只要认可其价值，就可以用它来交换物品。B.它们可能只由普通金属和纸张制成，但由于其所代表的货物，所以被认为是有价值的。C.货币可以充当"价值标准"。D.最常见的货币形式是硬币和纸钞。

答案 _____

162. A.运动着的分子相互撞击产生振动，持续传播，从而产生了声音。B.声音在空气中以每秒300多米的速度传播。C.声音是能量的一种。D.这种振动被称为声波。

答案 _____

163. A.在地基之上建起框架结构。B.清扫建筑场地，使其保持平整。C.装修内部。D.向孔中灌注混凝土，建造地基。E.每层都配备服务。F.进行挖掘，打造地基，建造地下室。

答案 ☐

164. A.一项研究发现，3/4的纳税人缴纳了过多税款。B.据称，纳税人明年还将多缴纳超过50亿英镑的税款。C.他们调查发现，绝大多数纳税人没有采取行动来减少其所缴税款。D.撰文敦促纳税人要回多缴纳的钱，这是他们应有的权力，所以他们要竭尽全力去做。

答案 ☐

165. A.迄今为止，人类对铁的使用最为广泛。B.生产铁时，人们需将铁矿、煤和石灰石混合放入炉中高温加热。C.有50多种金属在大自然中以矿石形态存在。D.这样生产出来的生铁，可以被进一步精炼成钢。

答案 ☐

166. A.该系统是交互运作的。B.旅行社很好地解释了如何通过电话和计算机改善客户服务。C.这就意味着当员工想要访问系统时，他要先输入数据，系统经过筛选后进一步给出回复，直至达成人们的预期结果。D.办公室终端通过电信链路连接到远程服务器，这样旅行社就可以通过终端来实现在线查询和预订服务。

答案 ☐

167. A.主页通常是你第一次访问网站时看到的第一个页面。B.每个网站的地址都是独一无二的，被称为统一资源定位器。C.它可以分为数百万个站点，这些站点都是由信息页面组成的文件。D.也许互联网最重要的通用服务就是万维网。

答案 ☐

168. A.据推测，其数量有数十亿。B.宇宙中最常见的物质或许就是恒星。C.包括一切可见的、不可见的、已知的和未知的。D.宇宙是由一切存在组成的。

答案 [　　　]

169. A.包括临时的、自愿的流动人口。B.据估计，从事此行业的人占劳动人口的1/10。C.旅游所经之地、旅行所见之人和提供旅行的人会深受影响。D.旅游业是当今世界迅速增长的产业。

答案 [　　　]

170. A.但大多数人生活在气候较为温和的南方。B.它同挪威一起占据着斯堪的纳维亚半岛。C.该国25%的领土位于极其寒冷的北极圈内。D.瑞典是欧洲第五大国家。

答案 [　　　]

171. A.改革者希望新法能让赌场老板在行事时对社会负责。B.这些措施可能包括把钟表从赌场撤走——钟表仿拟日光，让人不能轻易找到出口。C.新的超级赌场将会全然不同，一些人担心赌场会借助心理战术来加剧赌博行为。D.特别是，他们希望有条令可以禁止赌场经营者怂恿人们参与赌博，从而降低问题赌博招致的风险。

答案 [　　　]

172. A.曾有一位老板写道：“看到年轻员工英语水平如此之差，真是让人失望透顶。”B.学好英语，最关键的要素之一就是阅读。C.但是，标准到底是什么呢？D.老板对此极为苛刻。

答案 [　　　]

173. A.一路上你只能匆匆瞥一眼建筑物上面的名字，例如美景、斯威尔海。B.这里有一家影院、一个网球场和两个泳池，以及优雅而又随性的花园和阳台，你可以俯瞰大海。C.进入高墙和紧闭的大门之内，在那两公顷半大小的地盘上，你就会领略到它到底多么迎合富豪的生活方式了。

答案 [　　　　]

174. A.冷却剂携带的热量用于产生蒸汽以驱动涡轮发电。B.核电站所用的能量是由受控的核反应产生的。C.核心反应内部产生一系列连锁反应，这些反应会产生热量。D.产生的热量由核反应周围的冷却剂带走。

答案 [　　　　]

175. A.这位童话作家是这个城市最著名的养女。B.她把经典之作《迷失的泰迪熊》和《小汤姆历险记》献给了世界。C.随着丽萨·史密斯的百年诞辰一天天临近，利兹市计划举办一些庆祝活动。D.之所以说她是养女，是因为她并未出生在这里，但在此后的30多年里却以此为家。

答案 [　　　　]

176. A.因此，保持墙壁温度可以节省热能。B.办公室经理说，与经常开关暖气相比，周末也让暖气一直开着，每年的燃料费用更低。C.这已经在一些学术研究中得到证实，并有大量个人实例作为支撑。D.在低温建筑中打开暖气，首先需要大量的热量，使墙里凝结的水分挥发掉。

答案 [　　　　]

选择最佳词语完成句子

　　下列问题各含一个句子，每个句子给出了一对或几对建议词语，你需要从中选出最佳选项来完成句子。

177. If the courts make insurance companies pay liabilities/compensation on claims for asymptomatic conditions then premiums must be expected to rise sharply.

答案 _____

178. According to industrial sources Castle Cole, the property company, is performing/perfume in line with expectations at the operating level/cycle.

答案 _____

179. Macleans, the London insurer, was on tract/track to meet full-year expectations the/with future performance underpinned by its successful new savings product.

答案 _____

180. A rescue plan for Village Leisure, the failing/falling media company, was agreed by shareholders at an extraordinary meeting/moratorium.

答案 _____

181. A/The biggest utility company in the new EU member countries reported that its recent perpetuity/promotional activities had failed to have the desired impact.

答案 _____

182. Strikes escalated as/at the Guy company yesterday after a third round of negotiations with unions failed to reach a commodity/compromise.

答案 ☐

183. The chancellor faced revenue/renewed demands to avoid further increases for/in the tax burden on companies in the forthcoming budget report.

答案 ☐

184. Output in Britain's factories rallied/depreciated as strong demand from/to China and South East Asia boosted exports.

答案 ☐

185. Manufacturing growth of/in the Eurozone dwindled to its lowest level in 12 months as a result of high oil prices and a slowing/deprecating global economy.

答案 ☐

186. Continuing price competition and higher utility and labour costs resulted in/from a second-quarter decline in the group's net operating margins/accruals.

答案 ☐

187. British firms have failed to/in implement government recommendations about investing in and managing their workforces because they have been busy responding/adjusting to unprecedented regulatory changes.

答案 ☐

188. Forty per cent of the total cost base is commissions or bonuses, making it frequently/comparatively easy for costs to be slashed when/if demand shrinks; offices are on short-term leases, again giving flexibility

to cut back at short notice.

答案 [   ]

189. The litigation/strategy fits with the practice of mining a diversified set of related revenue seams, hopefully giving the business a broader and more solid form/from from/form which to build profits.

答案 [   ]

190. The company is in the midst of a growth spurt/opportunity cost, funded through a reversible/convertible bond, to expand and diversify its portfolio of business activities.

答案 [   ]

191. Based on/in new data collected last year, the actuarial/ actors profession estimates hundreds of thousands more asbestos-related insurance/malicious claims over the next 30 years.

答案 [   ]

192. The miscellaneous/media regulator has decreed that advertisements must not link alcohol with sexual attractiveness or success or imply that alcohol can enhance attractiveness, or/nor may the commercial/memorandum refer to daring tough or unruly behaviour.

答案 [   ]

193. Flotation/Cautious trading ahead of the imminent election meant that markets were especially quiet. Volumes were more akin/like to those at Christmas with investors reluctant to take up large positions/permutations ahead of the outcome of the ballot.

答案 [   ]

194. Europe's ageing population will be able/unable to sustain the cost of maintaining pensions for its growing number of pensioners because economic growth will stagnate and institutions will be faced with contraction/ contradictions and decline/abatement.

答案 ☐

195. Eurozone GDP growth is/while still weak, which is discouraging for UK exporters to the region, but US GDP growth/market is stronger than has been expected and UK interest rates/fluctuations are likely to increase only slowly.

答案 ☐

196. Results/Measures of companies' expectations of orders, sales and profitability show the extremely/theoretical sharp drop in confidence in the wake of the terrorist attacks in the United States followed by the strong return of confidence last June and then a trailing off during the remaining/ previous months.

答案 ☐

英文用法

此类问题的句子中缺少部分单词，请从所列选项中选出正确的词语完成句子。

197. __A__ the animals in the park while we were __B__ behind the tree.

A.　　　　　B.

1. We saw　　1. sitting

2. We see　　2. sit

3. Seeing　　3. sat

答案　☐

198. Which of the following words can be a preposition?

A. location

B. no

C. in

D. position

答案　☐

199. I __A__ call because I had __B__ my telephone.

A.　　　　　B.

1. can't　　1. forgotten

2. couldn't　2. forget

3. could　　3. forgetting

4. can

答案　☐

200. Which of the following is a superlative?

A. large

B. larger

C. largest

答案　☐

201. Children，please don't make so much noise. __A__.

A.

1. I am concentrating.

2. I concentrate.

3. While I concentrate

答案

202. Which word is the past participle?

The broken marriage was a great disappointment to all.

答案

203. My mother is in hospital. I went to __A__ to visit her. My brother is at __B__ now.

A.   B.

1. the hospital   1. hospital

2. hospital   2. the hospital

答案

204. As I get __A__ I find myself getting __B__.

A.   B.

1. more old   1. seriouser

2. older   2. more serious

答案

205. When I __A__ Sam last night he was out __B__ in the park.

A.   B.

1. call   1. run

2. calling   2. ran

3. called   3. running

答案 ☐

206. Which word is the noun?

Good ideas sometimes occur slowly.

答案 ☐

207. Two thousand euros __A__ found in the waste paper bin.

A. is

B. was

C. were

D. are

答案 ☐

208. Which adjective is the comparative?

A. late

B. later

C. latest

答案 ☐

209. The apartment was expensive but not __A__ expensive __B__ the first one we viewed.

A.   B.

1. so   1. as

2. as   2. so

答案 ☐

210. The oldest person __A__ the world also lives the __B__ from a doctor.

A.   B.

1. of   1. most far

2. in   2. furthest

                      3. farthest

答案 ☐

211. You __A__ earn a fortune to __B__ such an expensive house.

A.   B.

1. mustn't   1. live in

2. might   2. lived

3. can't   3. living

4. must   4. lived in

5. can

答案 ☐

212. Which is the verb?

Cleaning the bookshelves was done every Tuesday.

答案 ☐

213. I __A__ animals __B__ I prefer them to people.

A.   B.

1. like very much   1. very much and

2. like   2. and

3. very much

答案 ☐

214. With the cancellation the exhibition would __A__ longer be sold out but anyway it is not on __B__ longer.

A.   B.

1. any   1. no

2. no   2. any

答案　　[　　　]

215. I __A__ a lot of films when I __B__ a teenager.

A.   B.

1. watched   1. wasn't

2. have watched 2. am

3. watching   3. was

答案　　[　　　]

216. He left late yet __A__ the fact that it was very cold and in __B__ the snow he still got there early.

A.   B.

1. despite of   1. spite of

2. despite   2. spite

答案　　[　　　]

217. I hope to visit the church __A__ .

A.

1. while I am there

2. while I will be there

3. while I am their

答案　　[　　　]

218. I was given __A__ ten __B__ notes for my three __C__ work.

A.	B.	C.
1.a	1. pound	1. hour
2. one	2. pounds	2. hours'
3. two		

答案 ☐

219. My wife will be away __A__ Sunday __B__ which time we will have finished the work.

A.	B.
1. until	1. by
2. by	2. until

答案 ☐

220. Neil Armstrong walked on the moon __A__ 3 am __B__ a Saturday __C__ July 1969.

A.	B.	C.
1. at	1. in	1. on
2. on	2. on	2. in
3. in	3. at	3. at

答案 ☐

221. When we saw him，we __A__ for __B__ so much noise.

A.	B.
1. apologize	1. make
2. apology	2. making
3. apologized	3. made

答案 ☐

222. The ___A___ was in the ___B___ .

A.   B.

1. childs bag   1. back of the car

2. child's bag   2. car's back

3. bag of the child 3. car back

答案   ☐

223. The journey to the party involved getting ___A___ a plane, ___B___ a car, ___C___ a bicycle and at last I arrived ___D___ the party.

A.	B.	C.	D.
1. on	1. on	1. on	1. on
2. in	2. in	2. in	2. in
3. at	3. at	3. at	3. at

答案   ☐

选出正确的句子或单词

以下包含各类题型，所给句子在英语用法上可能只有一句正确，也可能全部错误。

224. Which sentences if any contain an error?

A. Before the meeting he greeted both the Company Secretary and the Finance Director.

B. Before the meeting he greeted the Company Secretary and Finance Director.

C. Neither is correct.

答案 ☐

225. Which sentences if any contain an error?

A. Bart usually drove real careful but the police officer was unimpressed that he had both broken the speed limit and jumped the red light.

B. Bart usually drove really carefully but the police officer was both unim-pressed that he had broken the speed limit and jumped the red light.

C. Bart usually drove really carefully but the police officer was unim-pressed that he had broken the speed limit and jumped a red light.

D. None is correct.

答案 ☐

226. A friend is a friend of B .

A.	B.
1. You	1. mine
2. Yours	2. me
3. Your	

答案 ☐

227. Indicate which if any of the following sentences contain an error.

A. The five children really enjoyed the show and was happy to share the sweets among them.

B. The five children really enjoyed the show and were happy to share the sweets between them.

C. The five children really enjoyed the show and were happy to share the sweets among them.

D. None is correct.

答案 ☐

228. I saw them ___A___ to the kitchen just before I ___B___ something burning in the kitchen.

A.   B.

1. to go   1. smelt

2. going   2. smell

                      3. smelling

答案 ☐

229. We had a lovely holiday ___A___ Sardinia and spent the last day ___B___ the beach.

A.   B.

1. in   1. in

2. on   2. on

3. at   3. at

答案 ☐

230. Which is the adjective?

The slow car stopped.

答案 ☐

231. My sister and I have three brothers; two of ___A___ are left-handed.

A.

1. them

2. they

3. which

答案 ▢

232. He could not decide if he was ___A___ experienced or if he wasn't experienced ___B___.

A.	B.
1. enough	1. too
2. to	2. to
3. too	3. enough

答案 ▢

233. I was sitting ___A___ the bus when we saw David ___B___ the back of the building.

A.	B.
1. in	1. in
2. at	2. at
3. on	3. on

答案 ▢

234. Which part of the sentence is the continuous present tense?

I am doing my best.

答案 ▢

235. They ___A___ Italy on time but did not ___B___ Rome until late and ___C___ home in the early hours.

A.	B.	C.
1. arrived	1. got to	1. arrived in
2. arrived to	2. get	2. arrived to

3. arrived in   3. get to   3. arrived

答案 ☐

236. We drove there __A__ car.Can you remember whether or not we paid __B__ cheque or __C__ cash?

A.   B.   C.

1. in my   1. by   1. by

2. by my   2. in   2. in

答案 ☐

237. How many adjectives are in the sentence?

The beautiful young woman was wearing a blue and green dress.

答案 ☐

238. How many of the following sentences contain an error?

A. The design was one of the most unique.

B. The design was the most unique.

C. The design was unique.

D. None.

答案 ☐

239. It rained __A__ much and for __B__ long time.

A.   B.

1. such   1. such

2. so   2. so

                     3. such a

答案 ☐

240. The man was wearing a __A__ coat.

A.

1. long and red

2. red and long

3. long，red

4. long red

答案　[　　　]

241. Peter is a good friend __A__ lives in Italy，a country __B__ I have never visited.

A.　　　　　　B.

1. who　　　　1. what

2. that　　　　2. whom

3. and　　　　3. which

4. whom

答案　[　　　]

242. Which is a plural reflexive pronoun?

A. myself

B. my

C. ours

D. mine

E. yourself

F. themselves

答案　[　　　]

243. __A__ rugby team scored three kick goals. According to the timetable the train runs __B__ day twice __C__ hour.

A.   B.   C.

1. Every   1. each   1. every

2. Each   2. every   2. each

答案   ☐

244. With little money but __A__ time you can visit a __B__ museums.

A.   B.

1. little   1. little

2. much   2. much

3. few   3. few

答案   ☐

245. Tom is lazy and never has __A__ work while Joe always has __B__ work to do.

A.   B.

1. some   1. any

2. any   2. some

答案   ☐

246. __A__ a new cinema opened in town but when I went __B__ was closed.

A.   B.

1. It   1. there

2. There   2. there's

3. Their   3. it

4. There's   4. their

答案   ☐

阅读短文，判断正误

下列各题会给出一系列短文及相关表述。你的任务是，阅读完文章，判断这些表述是否正确。原文提供的信息是你判断的唯一依据，这一点非常重要。

如果你觉得这些问题非常简单，并且阅读对你来说是轻松享受的过程，那么你会留有更多的时间来回答问题。而在真实测试的情况下，时间只够你阅读一遍，你必须快速、仔细阅读，而后又必须快速作答。你可能需要翻页，这样就没办法参考原文。另外，你也很可能会感到焦虑不安。因此，在实战练习中，你要给自己设定严格的时间限制，并尽可能快速作答。这种方法可以帮你掌握成功答题的技巧。

短文1

光是由电磁波组成的。由于电磁波波长不同，所以我们会看到不同的颜色。白光是由不同波长的光混合在一起形成的。一个物体之所以看起来有颜色，是因为光照在上面，而物体只反射了部分光线，其余的光则被物体吸收。一个物体之所以看起来是白色的，是因为它反射了照在其上的所有光线。一个物体之所以看起来是红色的，是因为它只反射了红光的波段，其余波段的光线则都被它吸收了。我们的肉眼能够觉察到这些不同的反射波，因此，我们会看到不同的颜色。

247.如果没有颜色，我们的世界可能会变得单调、黯淡无光。

A.正确　　　　　B.错误　　　　　C.无法判断

答案　　□

248.白光集合了所有光波。

A.正确　　　　　　B.错误　　　　　C.无法判断

答案　　[　　]

249.文中说一个看起来是蓝色的物体会吸收除蓝色光波以外的全部光波。

A.正确　　　　　　B.错误　　　　　C.无法判断

答案　　[　　]

250.我们所看到的物体的颜色是由它吸收或反射的电磁波的颜色决定的。

A.正确　　　　　　B.错误　　　　　C.无法判断

答案　　[　　]

251.白色油漆比红色油漆反射的光多。

A.正确　　　　　　B.错误　　　　　C.无法判断

答案　　[　　]

短文2

1797—1815年，欧洲经历了拿破仑战争。其间，法国与普鲁士、俄国、奥地利、西班牙和英国先后交战。当时，法国拥有欧洲最强大的军队。至1808年，法国已经征服了不少欧洲大陆国家，并建立了自罗马帝国以来最大的欧洲帝国。拿破仑·波拿巴是帝国的皇帝和军事统领。在他的带领下，法国取得了许多战争的重大胜利。然而，在俄国的一场灾难性战役中，拿破仑军队从西班牙半岛撤回，加之英国海上霸主的地位，最终在滑铁卢战役中败给欧洲联合部队。

252.拿破仑战争持续了18年。

A.正确　　　　　B.错误　　　　　C.无法判断

答案 _____

253.至1808年，拿破仑建立起的帝国控制了大部分的欧洲大陆。

A.正确　　　　　B.错误　　　　　C.无法判断

答案 _____

254.拿破仑鼎盛时期，法国军队在欧洲也最为壮大。

A.正确　　　　　B.错误　　　　　C.无法判断

答案 _____

255.在与普鲁士、俄国、奥地利和英国交战时，法国均大获全胜。

A.正确　　　　　B.错误　　　　　C.无法判断

答案 _____

256.滑铁卢战役爆发于1815年。

A.正确　　　　　B.错误　　　　　C.无法判断

答案 _____

短文3

从传统意义上讲，医学是治疗疾病的科学。几千年来，人们会用植物入药，也会向牧师寻求治疗方法。在距今较近的时期，人们几乎已经不再把疾病归因于神或魔法，而是归因于某些自然原因。现今，医学更为强调防治并重。医生有多种治疗方法，包括两种直到近年来才为人所知的方法，即放射治疗和接种疫苗。许多其他疗法已经践行了几个世纪，并为人所熟知。伊斯兰医生在外科手术方面经验老到，他们会用鸦片来缓解疼痛。欧洲人初到美洲时，发现人们用许多植物来治疗疾患。欧洲人采纳了许多这样的治疗方法，其中一些沿用至今，仍然奏效。

257.现代医学是治疗疾病的科学。

A.正确　　　　　B.错误　　　　　C.无法判断

答案 ☐

258.医学是科学，这要归功于一些现代的治疗手段。

A.正确　　　　　B.错误　　　　　C.无法判断

答案 ☐

259.接种疫苗这一发现，距今相对较近。

A.正确　　　　　B.错误　　　　　C.无法判断

答案 ☐

260.本文作者认为预防比治疗更重要。

A.正确　　　　　B.错误　　　　　C.无法判断

答案 ☐

261.现代医师会采用许多技术和科技手段。

A.正确　　　　　B.错误　　　　　C.无法判断

答案 ☐

短文4

亚洲是世界上最大的大陆，东起白令海峡，西与土耳其和欧洲接壤，南部包含众多岛屿——包括构成印度尼西亚的岛屿。自殖民地国家相继独立以来，亚洲经济蓬勃发展。日本、新加坡和韩国率先崛起，马来西亚、泰国和印度尼西亚紧随其后。最近，中国和印度经济增势迅猛。亚洲大陆的西南部和中部地区遍布沙漠。喜马拉雅山脉将亚洲北部寒冷地带与南部热带区域划分开来。亚洲人口占世界总人口的 2/3 以上，他们生活在世界上最古老的文明发祥地。

262. 文明始于亚洲大陆。

A. 正确　　　　　　B. 错误　　　　　　C. 无法判断

答案 ☐

263. 殖民时期对亚洲来说是一场灾难。

A. 正确　　　　　　B. 错误　　　　　　C. 无法判断

答案 ☐

264. 世界上的大多数人口都居住在亚洲，而不是其他洲。

A. 正确　　　　　　B. 错误　　　　　　C. 无法判断

答案 ☐

265. 后殖民主义的发展首现新加坡。

A. 正确　　　　　　B. 错误　　　　　　C. 无法判断

答案 ☐

266. 南极大陆的面积小于亚洲大陆。

A. 正确　　　　　　B. 错误　　　　　　C. 无法判断

答案 ☐

短文 5

热带地区，终年湿热。北极地区，终年严寒，且高山地区的气候比附近低地更为寒冷。气候不同于天气，天气可以在短时间内发生变化，而气候描述的是较长时间内可能出现的天气状况。全世界可以分为五个气候区。极地气候区是唯一一个终年严寒的气候区，而热带气候区终年炎热，温带气候区夏季温暖、冬季寒冷，沙漠气候区干燥凉爽，林地气候区夏季凉爽而短暂。不过，气候也会发生巨变，例如冰河世纪晚期就出现过一次。人类可以影响气候，例如，森林火灾产生的大量烟雾会遮住太阳长达数月，造成一个地区降温。近来，人类造成的工业污染已经影响了气候，产生了温室效应，从而导致全球变暖。

267. 文中提到高山地区的天气比其周围低地更加寒冷。

A. 正确　　　　　　B. 错误　　　　　　C. 无法判断

答案　☐

268. 文中描述了气候如何发生变化。

A. 正确　　　　　　B. 错误　　　　　　C. 无法判断

答案　☐

269. 在热带雨林，冬夏气候并无差异。

A. 正确　　　　　　B. 错误　　　　　　C. 无法判断

答案　☐

270. 沙漠气候区冬季比夏季凉爽。

A. 正确　　　　　　B. 错误　　　　　　C. 无法判断

答案　☐

271. 从文中可以推断出，北极属于极地气候区。

A. 正确　　　　　　B. 错误　　　　　　C. 无法判断

答案　☐

短文6

从理论上说，我们周围的一切都是由一种叫作原子的微粒构成的。有些只由一种原子组成的物质称为元素，例如氢。其他由不同原子结合在一起形成分子而构成的物质叫作化合物，例如，水分子是由两个氢原子和一个氧原子组成的化合物。将原子结合在一起的作用力叫作键。原子是由更小的粒子构成的，如中子、电子和质子。中子和质子是由更微小的叫作夸克和胶子的微粒构成的。关于夸克的构成，人们至今仍在研究中。

272.原子是构成物质的最小粒子。

A.正确　　　　B.错误　　　　C.无法判断

答案 [   ]

273.所有的物质都是由元素构成的。

A.正确　　　　B.错误　　　　C.无法判断

答案 [   ]

274.分子是由一串在键的作用力下连接在一起的原子构成的。

A.正确　　　　B.错误　　　　C.无法判断

答案 [   ]

275.中子是由夸克和胶子构成的。

A.正确　　　　B.错误　　　　C.无法判断

答案 [   ]

276.从文中可以推断出，分子由中子、电子和质子构成。

A.正确　　　　B.错误　　　　C.无法判断

答案 [   ]

短文7

即使有新的管控措施，信用卡诈骗金额还是会达到5亿英镑。数据显示，诈骗损失金额较去年增长了20%。多数诈骗都是因邮寄的信用卡遭截导致的。在去年一年的时间里，每天都有10万张信用卡以邮寄的方式被交给顾客，这给诈骗者提供了各种下手机会。银行深知，今年的管控工作将十分艰难，因为在实施新的管控措施之前，诈骗者一定会竭尽全力寻找作案机会。希望明年的这个时候，新措施能够卓有成效，使诈骗犯罪水平大幅下降。

277.排在信用卡诈骗首位的是从人们的信件中盗走信用卡。

A.正确　　　　　B.错误　　　　　C.无法判断

答案 ☐

278.新措施是精准周密的反诈骗策略。

A.正确　　　　　B.错误　　　　　C.无法判断

答案 ☐

279.新措施已经出台。

A.正确　　　　　B.错误　　　　　C.无法判断

答案 ☐

280.信用卡邮寄遭截造成的诈骗犯罪金额达5亿英镑。

A.正确　　　　　B.错误　　　　　C.无法判断

答案 ☐

281.信用卡诈骗损失金额总计增长了20%。

A.正确　　　　　B.错误　　　　　C.无法判断

答案 ☐

短文8

救护车服务部门估计，减速带造成人们紧急反应时间变长，因此造成多达500人丧生。一些人声称，减速带（或者有时被称为睡着的警察）伤害到的生命比因减速而获救的生命还多。对减速带持批评意见的人士还声称，司机反复减速和加速，会造成更多的污染，而且也会因为扰乱交通流造成更严重的拥堵。居民们抱怨汽车经过减速带又加速驶离时发出的噪声。其中一些说法与已发表的研究结果相悖，该研究称，减速带使平均车速减慢了10英里/小时，从而挽救了更多生命。自1980年以来，随着减速带的广泛设置，有数据显示，交通死亡和重伤人数减少了60%。

282.救护车服务的延迟和对环境的关注，导致人们反对设置减速带。

A.正确　　　　　B.错误　　　　　C.无法判断

答案　　［　　　］

283.公平地讲，减速带可以挽救生命、减少伤害，但要付出一定的代价。

A.正确　　　　　B.错误　　　　　C.无法判断

答案　　［　　　］

284.司机认为减速带很让人心烦。

A.正确　　　　　B.错误　　　　　C.无法判断

答案　　［　　　］

285.批评者认为，如果撤掉减速带，那么交通会更加平稳畅通。

A.正确　　　　　B.错误　　　　　C.无法判断

答案　　［　　　］

286.文中说车辆经过减速带一次次减速又加速确实会造成更多污染。

A.正确　　　　　B.错误　　　　C.无法判断

答案　　　□

短文9

人们理所应当地认为，去医院是为了治病康复。然而，在过去的几年中，这种看法遇到了挑战，因为在医院可能会遭到致命感染。因此，公众对卫生服务的信心受到挫伤。20世纪50年代，人们首次发现了一种对抗抗生素的细菌菌株，这是常见于脓肿和血流感染的葡萄球菌，对青霉素产生了耐药性。自此以后，这种细菌又对另一种抗生素产生了耐药性，并在许多疗养院和医院成为感染源。如今，它已被认为是医院获得性感染的病因，医院获得性感染每年造成约1 000人死亡。可以击败这个"超级Bug（缺陷）"的操作非常简单，但代价昂贵。该操作对医院的医疗卫生条件和清洁标准的要求极高，还需要一个检测项目，以便对感染患者进行隔离和治疗。

287.每年约有1 000人死于葡萄球菌感染。

A.正确　　　　　B.错误　　　　C.无法判断

答案　　　□

288.如果20世纪50年代人们将医院卫生清洁当作重中之重，我们今天就不会面临这样的威胁。

A.正确　　　　　B.错误　　　　C.无法判断

答案　　　□

289.葡萄球菌在20世纪50年代被确认为是许多疗养院和医院的

感染源。

A.正确 B.错误 C.无法判断

答案 ▢

290.葡萄球菌已经成了一个"超级Bug"。

A.正确 B.错误 C.无法判断

答案 ▢

291.血流感染比脓肿更严重。

A.正确 B.错误 C.无法判断

答案 ▢

短文10

选举管理人员认为，邮寄投票系统最新的调整大大增加了人们选举舞弊的风险。如果这些调整大范围落实，那么整个选举过程都会因此饱受质疑。新系统要求选举管理人员在非常有限的时间内核查邮寄选票的请求是否属实，这是人们最担心的地方。政府迫切地希望增加选民数量，并且认为不应该仅仅因为选民未及时申请投票而被视作弃权。目前，选举舞弊较为少见，并且尚无证据表明邮寄投票导致了大范围的舞弊行为。

292.选举管理人员警告政府，目前选举舞弊风险越来越高。

A.正确 B.错误 C.无法判断

答案 ▢

293.目前的舞弊行为尚不足以让选举系统名声受损。

A.正确 B.错误 C.无法判断

答案 ▢

294.选举管理人员认为先前的邮寄投票系统不易导致舞弊行为。

A.正确　　　　　B.错误　　　　　C.无法判断

答案 □

295.核查邮寄投票申请是否有效需要一个过程。

A.正确　　　　　B.错误　　　　　C.无法判断

答案 □

296.本文作者显然认同选举管理人员表示出的关注。

A.正确　　　　　B.错误　　　　　C.无法判断

答案 □

短文11

石油价格一直维持创纪录水平，目前每桶约45美元。在产油量最高的油田，人们开采一桶石油的成本只需要80～90美分。许多石油产出国都希望将石油稳定在高价，同时又担心这会影响本国经济和世界的石油需求量，因为最近几年，每桶油价一直在20～50美元波动。作为回应，一些生产商正在扩大其生产能力，以便用更大的产量来灵活应对需求变化和价格飙升。人们通过探索和研究开采技术来寻求提高产量的方法。这些研究和探索带来了出乎意料的结果。石油分析人士得出结论，世界的石油储量远比目前所估计的要多，而新技术可以让人们更便宜地开采出比已知储量更多的石油。

297.每桶石油价格的最高纪录为50美元。

A.正确　　　　　B.错误　　　　　C.无法判断

答案 □

298.使用新的开采技术，每桶石油的开采成本为80～90美分。

A.正确　　　　B.错误　　　　C.无法判断

答案 ☐

299.高需求、高产出将会有利于稳定油价，这种推测是合理的。

A.正确　　　　B.错误　　　　C.无法判断

答案 ☐

300.文章表明近期探测发现了新的石油储量。

A.正确　　　　B.错误　　　　C.无法判断

答案 ☐

301.我们可以合理地推测出，石油分析人士对探索和研究的发现深感震惊。

A.正确　　　　B.错误　　　　C.无法判断

答案 ☐

短文12

从传统意义上讲，律师、医生和牧师都需要对他们掌握的客户信息严格保密。除了病人或其近亲，医生不会向任何人透露病人的病情。牧师要对他们在忏悔室了解到的信息严格保密。律师也会在与委托人的交往中对相关信息守口如瓶。然而，在某些情况下，所有这些职业都有例外，都会违反保密原则。如果病人身受枪伤，或者某一状况会严重威胁公众健康，那么根据法律规定，医生必须汇报这些情况。牧师也会向警方提供有关虐待儿童和谋杀的信息。律师只需报告洗钱嫌疑人。记者也采用一套保密准则来保护自己的消息来源，他们的保密工作是出了名的——即使在法院的命令下，他们也不太可能违反自己的准则。在许多备受瞩目的案件中，记者宁愿选择因藐视法庭而入狱，也不会透露一个报道的来源。

302.文中提到了牧师、医生和律师职业的保密道德。

A.正确　　　　　B.错误　　　　　C.无法判断

答案　　　

303.如果律师认为其委托人有偷税漏税嫌疑，那么他有义务将客户信息上报给权力机关。

A.正确　　　　　B.错误　　　　　C.无法判断

答案　　　

304.文章细致地讲述了所提及行业可能会违反对客户保密的原则的情况。

A.正确　　　　　B.错误　　　　　C.无法判断

答案　　　

305.所有的职业都有一套保密原则，但有些职业的保密原则比其他职业的保密原则更加严格。

A.正确　　　　　B.错误　　　　　C.无法判断

答案　　　

306.文章表明，如果医生没有报告患者身受枪伤，那么该医生可能会被起诉。

A.正确　　　　　B.错误　　　　　C.无法判断

答案　　　

短文13

在过去的12个月里，福利欺诈金额减少了5亿英镑，降至10多年来的最低水平。这一降幅达25%，相当于1 000亿英镑福利账单降至 1.5%。福利办公室在获准访问国内税务数据之后，发现这一下降是惊人的。福利官员现在可以立即检查索赔人是否仍在工作，因为这些补贴只为失业人员所享受。这项新举措揭露了超过 8 万人的虚假索赔。一项类似的举措也成功地大幅降低了住房福利的索赔诈骗数量。地方当局负责将这项津贴发放给失业人员和低收入者，以帮助他们解决住房问题。最近，地方当局的工作人员仍无法通过访问中央政府的记录来核实索赔人提供的信息。到目前为止，核查工作已经鉴别出有 4.4 万名索赔人员提供了虚假信息，他们只为得到不属于自己的补贴。

307.通过信息共享，地方当局核查出超过 12 万起诈骗案。

A.正确　　　　　　B.错误　　　　　C.无法判断

答案 ☐

308.10 多年前，福利诈骗水平更高。

A.正确　　　　　　B.错误　　　　　C.无法判断

答案 ☐

309.只有失业者才能合法地享受这些福利。

A.正确　　　　　　B.错误　　　　　C.无法判断

答案 ☐

310.这篇文章的语气表明，诈骗金额的减少是一件好事。

A.正确　　　　　　B.错误　　　　　C.无法判断

答案 ☐

311.一年前福利诈骗总金额为 20 亿英镑。

A.正确　　　　　　B.错误　　　　　C.无法判断

答案 ☐

短文14

在大部分发达国家，许多中产阶级都在反复地问自己，是应该买房还是租房。如果是生活在美国、西班牙、爱尔兰或英国，那么他们会整齐洪亮地回答："买房。"这些国家的房价在过去7年里几乎翻了一番。而在其他发达国家，人们还未见过房价如此飙升。然而，房价持续上涨的预期是否会现实呢？

有些人认为，交房租与把钱扔掉没什么两样，还不如还贷款或买基金。但是，如果房价下跌呢？仅仅是一个房价微调，就会让许多房主在短时间内失去许多资本。如果房价上涨已经成为过去，房屋所有者的优势就不那么突出了。租房当然也有一些好处，尤其是，租房的人因为工作搬家会更容易。

312. 文章提到的忧虑是指房主不能总是依赖资本增长。

A. 正确　　　　　B. 错误　　　　　C. 无法判断

答案　[　　　]

313. 发达国家的大多数中产阶级更喜欢拥有自己的房子。

A. 正确　　　　　B. 错误　　　　　C. 无法判断

答案　[　　　]

314. 我们能够合理地推断出，如果房价不再上涨，那么很少有人会再租房。

A. 正确　　　　　B. 错误　　　　　C. 无法判断

答案　[　　　]

315. 西班牙的房价翻了一番。

A. 正确　　　　　B. 错误　　　　　C. 无法判断

答案　[　　　]

316.文章的写作观点是，买房并不总比租房好。

A.正确　　　　　B.错误　　　　　C.无法判断

答案　[　　　]

短文 15

在 20 世纪最后 20 年的大部分时间里，利物浦的经济几乎停滞不前，远远落后于英国其他城市。但是，随着英国其他城市的消费水平越来越高，利物浦成为人们投资和生活的热门城市。战后，利物浦的人口从原来的 80 万下降到 21 世纪初的不足 50 万。人口减少的过程已成为一股涓涓细流，几十年来其劳动人口首次出现了增长。利物浦一度达到 20% 的失业率，现已降至 5% 以下。利物浦的办公空间建设正在紧锣密鼓地进行，目前其会议大厦、一系列百货公司和两座 50 层楼的大厦正在建设中。因此，不出意外的话，其劳动人口预计还会继续增长。廉价的生活和住房成本吸引了许多公共部门和组织搬迁到利物浦。利物浦 40% 的劳动力都在这一领域工作，而且似乎这种趋势还会持续下去，因为超过一半的新增就业岗位是公共任命的。在增加就业和吸引投资方面，补贴发挥了不小的作用。人们为该地区的重建工作投入了 40 多亿英镑，其中最大的股东就是利物浦本身。

317.利物浦不再是一个人口净流出的城市。

A.正确　　　　　B.错误　　　　　C.无法判断

答案　[　　　]

318. 40% 的新增就业岗位都是公共任命的。

A.正确　　　　　B.错误　　　　　C.无法判断

答案　[　　　]

319. 20世纪90年代，利物浦地区的经济远落后于英国其他地区。

A. 正确　　　　B. 错误　　　　C. 无法判断

答案　　　　

320. 如果没有补贴，那么这个地区不会吸引那么多就业。

A. 正确　　　　B. 错误　　　　C. 无法判断

答案　　　　

321. 利物浦近来的成功要归功于其生活和住房成本比英国其他城市低。

A. 正确　　　　B. 错误　　　　C. 无法判断

答案

第5章

数字推理

算术测试是心理测试最常见的一种题型，很少有测试题不包括此类题目。如果没有数学题，那么我们怎么能判定测试者是不是足够优秀呢？所以，现在开始认真练习算术，提高分数吧！如果数学题已经是你的长项，那么你可以用这些问题来帮你提高答题速度。坚持到底，准备好让自己大放异彩吧！

每个人都能掌握这些问题，只是有些人必须比别人勤加练习。倘若必须通过这样的测试才能实现你的职业或教育梦想，而恰好你又十分讨厌数学，你就只能勤学苦练、迎难而上了。

我见过许多这样一路走向成功的测试者，所以你也一定可以做到。我记得有个测试者想成为一名飞行员，但飞行员岗位名额不多，所以他必须通过测试来击败其他竞争者，可是他并不擅长数学。即使看起来胜算渺茫，但他还是做到了，他现在成了飞行员。他成功的秘诀在于他的毅力和勤奋。过去，他每天早上都会跑步，每经过一辆车，他就把车牌号码的数字加起来。掌握了加法后，他又开始练习乘法，接着又练习除法。他就这样持续了数周，一直坚持到考试那一天。那时，他的心算能力已经十分了得。所以，你也不必在诸如此类的弱势方面急于求成，但你确实需要花一段时间来在此方面真正做些努力。

本章准备了不同类型的问题，你可能会遇到这些问题。

核心运算

心 算

心理测试通常包括一部分心算测试。这部分测试要求你不能借助计算器，也不能在纸上计算，而是在大脑中直接得出结果。这部分测试对那些经过训练的应试者来说易如反掌。打磨技能的过程可谓单调乏味，甚至痛苦不堪，但每个人最后都能做好。因为这只不过就是简单的练习而已。参加测试时，切记保持自信、反应敏捷、计算精准。即使你参加的测试允许使用计算器，你也应该在大脑中完成计算，因为这样可以节省很多时间。

下面100道练习题可以帮助你熟练掌握乘法运算。本书没有提供加减法的练习，因为必要时，针对这些重要的核心运算，你可以自行出题（可以变换运算符号进行练习，例如将乘法变为加法）。即使你面临的测试可能不包括此类运算，这类型题目仍属于基本技能——如果你想通过算术类测试，那么这是必备的技能。

尽可能快地在大脑中进行运算。在你做到真正又快又准之前，不要停止练习。

1. $? \times 5 = 15$ 答案 [　　　]

2. $7 \times ? = 49$ 答案 [　　　]

3. $? \times 4 = 24$ 答案 [　　　]

4. $11 \times 7 = ?$ 答案 [　　　]

5. $4 \times ? = 24$ 答案 [　　　]

6. $6 \times ?=54$ 答案 ☐

7. $3 \times ?=36$ 答案 ☐

8. $12 \times 12=?$ 答案 ☐

9. $6 \times ?=48$ 答案 ☐

10. $? \times 4=16$ 答案 ☐

11. $7 \times 12=?$ 答案 ☐

12. $? \times 7=21$ 答案 ☐

13. $9 \times ?=45$ 答案 ☐

14. $? \times 8=88$ 答案 ☐

15. $7 \times ?=28$ 答案 ☐

16. $3 \times 11=?$ 答案 ☐

17. $9 \times ?=63$ 答案 ☐

18. $4 \times ?=360$ 答案 ☐

19. $11 \times ?=121$ 答案 ☐

20. $? \times 12=60$ 答案 ☐

21. $? \times 9=54$ 答案 ☐

22. $7 \times ?=63$ 答案 ☐

23. $9 \times ?=90$ 答案 ☐

24. $? \times 3=99$ 答案 ☐

25. $8 \times ?=32$ 答案 ☐

26. $12 \times ?=60$ 答案 ☐

27. $? \times 9=99$ 答案 ☐

28. $3 \times ?=21$ 答案 ☐

29. $6 \times 7=?$ 答案 ☐

30. $9 \times ?=81$　　　　　答案 ☐

31. $4 \times ?=100$　　　　　答案 ☐

32. $? \times 9=99$　　　　　答案 ☐

33. $? \times 6=48$　　　　　答案 ☐

34. $9 \times 12=?$　　　　　答案 ☐

35. $? \times 5=55$　　　　　答案 ☐

36. $4 \times ?=32$　　　　　答案 ☐

37. $6 \times ?=42$　　　　　答案 ☐

38. $5 \times ?=100$　　　　　答案 ☐

39. $9 \times ?=72$　　　　　答案 ☐

40. $? \times 5=20$　　　　　答案 ☐

41. $15 \times ?=90$　　　　　答案 ☐

42. $11 \times ?=44$　　　　　答案 ☐

43. $? \times 5=30$　　　　　答案 ☐

44. $? \times 8=64$　　　　　答案 ☐

45. $? \times 12=48$　　　　　答案 ☐

46. $3 \times 6=?$　　　　　答案 ☐

47. $? \times 6=66$　　　　　答案 ☐

48. $4 \times ?=36$　　　　　答案 ☐

49. $? \times 9=72$　　　　　答案 ☐

50. $4 \times 8=?$　　　　　答案 ☐

51. $7 \times ?=42$　　　　　答案 ☐

52. $? \times 4=36$　　　　　答案 ☐

53. $8 \times 8=?$　　　　　答案 ☐

54. 6 × ?=66 答案 [　　　]

55. ? × 8=56 答案 [　　　]

56. 6 × 5=? 答案 [　　　]

57. 3 × ?=27 答案 [　　　]

58. ? × 12=132 答案 [　　　]

59. 8 × 6=? 答案 [　　　]

60. ? × 9=81 答案 [　　　]

61. 4 × ?=28 答案 [　　　]

62. 6 × 6=? 答案 [　　　]

63. 8 × ?=96 答案 [　　　]

64. ? × 4=12 答案 [　　　]

65. 请列出 18 的所有因数。 答案 [　　　]

提示：因数是一个数可以被另外一个数整除的数。例如，12 的因数包括：1，2，3，4，6，12。

66. 请列出 27 的所有因数。 答案 [　　　]

67. 请列出 11 的所有因数。 答案 [　　　]

68. 请列出 22 的所有因数。 答案 [　　　]

69. 请列出 36 的所有因数。 答案 [　　　]

70. 20 有多少个因数？ 答案 [　　　]

71. 56 有多少个因数？ 答案 [　　　]

72. 19 有多少个因数？ 答案 [　　　]

73. 请列出 60 的所有因数。 答案 [　　　]

74. 14 有多少个因数？ 答案 [　　　]

75. 请列出 42 的所有因数。 答案 [　　　]

76. 37 有多少个因数？　　　　　　　答案 ☐

77. 请列出 16 的所有因数。　　　　　答案 ☐

78. 48 有多少个因数？　　　　　　　答案 ☐

79. 请列出 24 的所有因数。　　　　　答案 ☐

80. 32 有多少个因数？　　　　　　　答案 ☐

81. 34 有多少个因数？　　　　　　　答案 ☐

82. 8 和 20 的最大公因数是多少？　　答案 ☐

83. 12 和 18 有多少个公因数？　　　答案 ☐

84. 21 和 49 的最大公因数是多少？　答案 ☐

85. 12 和 16 有多少个公因数？　　　答案 ☐

86. $12.7 \times 100 =$?　　　　　　　答案 ☐

87. $16.3 \times 10 =$?　　　　　　　答案 ☐

88. $376 \div 100 =$?　　　　　　　答案 ☐

89. $90.6 \times 1\,000 =$?　　　　　答案 ☐

90. $2.4 \div 100 =$?　　　　　　　答案 ☐

91. $96 \div 10 =$?　　　　　　　　答案 ☐

92. $15.02 \div 1\,000 =$?　　　　　答案 ☐

93. $3.002 \times 1\,000 =$?　　　　答案 ☐

94. $0.07 \div 10 =$?　　　　　　　答案 ☐

95. $0.03 \times 100 =$?　　　　　　答案 ☐

96. $20 \times 920 =$?　　　　　　　答案 ☐

97. $1\,200 \div 400 =$?　　　　　　答案 ☐

98. $3\,000 \times 70 =$?　　　　　　答案 ☐

99. $48\,000 \div 60 =$?　　　　　　答案 ☐

100. $600 \times 300 =$? 答案 ☐

百分比

继心算之后，心理测试需要的下一项基本技能就是百分比。你需要完成下列练习，以提高自己的基本运算能力。坚持练习，直到你能够自信、快速、准确地得出结果。切记，不要借助计算器，但你可以在废纸上以打草稿方式演算。

如果答案是无限循环小数，那么结果只保留小数点后一位。

化分数为百分比

提示：先用100除以分母，再将得数乘以分子。

样例：求1/2的百分比。 答案 50%

解析：$100 \div 2 \times 1 = 50$，答案为50%。

101.求1/5的百分比。 答案 ☐

102.求1/4的百分比。 答案 ☐

103.求1/9的百分比。 答案 ☐

104.求1/12的百分比。 答案 ☐

105.求1/8的百分比。 答案 ☐

106.求1/16的百分比。 答案 ☐

107.求2/3的百分比。 答案 ☐

108.求3/5的百分比。 答案 ☐

109.求6/16的百分比。 答案 ☐

110.求5/8的百分比。 答案 ☐

111.求4/6的百分比。 答案 ☐

112.求6/8的百分比。 答案 ☐

113. 求 12/15 的百分比。 答案 ☐

114. 求 4/20 的百分比。 答案 ☐

115. 求 9/24 的百分比。 答案 ☐

116. 求 8/20 的百分比。 答案 ☐

117. 求 6/32 的百分比。 答案 ☐

118. 求 21/28 的百分比。 答案 ☐

119. 求 25/80 的百分比。 答案 ☐

小数与百分比之间的换算

提示：用小数乘以 100 得到相应的百分比，反之用百分比除以 100 来换算成小数。以下面第一题为例。

120. 将 0.5 化成百分比。 答案 50%

解析：0.5 × 100=50，答案为 50%。

121. 将 0.2 化成百分比。 答案 ☐

122. 将 0.6 化成百分比。 答案 ☐

123. 将 25% 化成小数。 答案 ☐

124. 将 0.4 化成百分比。 答案 ☐

125. 将 90% 化成小数。 答案 ☐

126. 将 0.35 化成百分比。 答案 ☐

127. 将 5% 化成小数。 答案 ☐

128. 将 0.72 化成百分比。 答案 ☐

129. 将 2.4% 化成小数。 答案 ☐

130. 将 0.425 化成百分比。 答案 ☐

131. 将 1.6% 化成百分比。 答案 ☐

132. 将 0.333 化成百分比。 答案 ☐

133. 将 120% 化成小数。　　　　　　答案 [　　　]

134. 将 0.5% 化成小数。　　　　　　答案 [　　　]

用百分比表示数值

提示：用第一个数值比第二个数值，然后将分数比值化成最简分数，再将最简分数化成百分比。以下面第一题为例。

135. 求 30 占 50 的百分之几。　　　　答案 [60%]

解析：30/50=3/5，100 ÷ 5 × 3=60，答案为 60%。

136. 求 10 占 40 的百分之几。　　　　答案 [　　　]

137. 求 2 占 5 的百分之几。　　　　　答案 [　　　]

138. 求 3 占 27 的百分之几。　　　　答案 [　　　]

139. 求 12 占 80 的百分之几。　　　　答案 [　　　]

140. 求 4 占 16 的百分之几。　　　　答案 [　　　]

141. 求 12 占 40 的百分之几。　　　　答案 [　　　]

142. 求 14 占 35 的百分之几。　　　　答案 [　　　]

143. 求 25 占 30 的百分之几。　　　　答案 [　　　]

144. 求 10 占 12.5 的百分之几。　　　答案 [　　　]

145. 求 0.5 占 3 的百分之几。　　　　答案 [　　　]

146. 求 0.3 占 0.9 的百分之几。　　　答案 [　　　]

147. 求 0.2 占 80 的百分之几。　　　　答案 [　　　]

148. 求 3.3 占 3 的百分之几。　　　　答案 [　　　]

149. 求 6 占 32 的百分之几。　　　　答案 [　　　]

数量百分比

提示：先将百分比化成小数，然后乘以总量，要注意将所有数值用同样的单位表示，并在答案中标明对应的单位。以下面第一题为例。

150. 求 80 英镑的 12.5% 是多少。　　　　答案　　10 英镑

解析：$12.5 \div 100=0.125$，$80 \times 0.125=10$。

151. 求 5 小时的 25% 是多少。　　　　　　答案　　☐

152. 求 16 米的 25% 是多少。　　　　　　　答案　　☐

153. 求 5 英镑的 5% 是多少。　　　　　　　答案　　☐

154. 求 55 米的 20% 是多少。　　　　　　　答案　　☐

155. 求 1 小时 20 分钟的 15% 是多少。　　　答案　　☐

156. 求 360 英镑的 12% 是多少。　　　　　答案　　☐

157. 求 3 小时 40 分钟的 12.5% 是多少。　　答案　　☐

158. 求 70 米的 45% 是多少。　　　　　　　答案　　☐

159. 求 20.40 英镑的 45% 是多少。　　　　　答案　　☐

160. 求 3 米的 15% 是多少（结果用厘米表示）。答案　　☐

161. 求 24 小时的 30% 是多少（结果用小时和分钟表示）。

　　　　　　　　　　　　　　　　　　　答案　　☐

162. 求 250 米的 12% 是多少。　　　　　　答案　　☐

163. 求 1 550 英镑的 17.5% 是多少。　　　　答案　　☐

164. 求 72 小时的 3% 是多少。　　　　　　答案　　☐

增长百分比

提示：用增加的数值除以原始数值，再将所得的数值乘以 100。
以下面第一题为例。

165. 30 比 20 增长了百分之几？　　　　　　答案　　50%

解析：增加部分 =10，$10 \div 20 \times 100=50$，答案为 50%。

166. 24 比 20 增长了百分之几？　　　　　　答案　　☐

167. 56比40增长了百分之几?　　　　　　答案　☐

168. 9比8增长了百分之几?　　　　　　　答案　☐

169. 8比5增长了百分之几?　　　　　　　答案　☐

170. 20比16增长了百分之几?　　　　　　答案　☐

数量及其单位换算

171. 1英里等于1.6千米,那么4英里相当于多少千米?

答案　☐

172. 1升等于1.75品脱,那么5升等于多少品脱?

答案　☐

173. 如果3美元相当于12澳元,那么7美元相当于多少澳元?

答案　☐

174. 1千克等于35盎司,那么3千克等于多少盎司?

答案　☐

175. 1升等于35常衡盎司,那么5升等于多少常衡盎司?

答案　☐

176. 如果2美元相当于5澳元,那么多少澳元相当于10美元?

答案　☐

177. 1公里等于1 000米,那么3.75公里是多少米?

答案　☐

178. 1桶可以容纳120升,那么要装700升液体需要多少个桶?

答案　☐

179. 将4米长的木材依次连接,要多少根才够1公里的1/20 ?

答案　☐

180. 1英寸等于25.4毫米,那么5英寸等于多少毫米?

答案 □

181.如果今天是 3 月 15 日，星期六，那么上星期四是几月几日？

答案 □

182.1 千克等于 2.2 磅，那么 8 千克等于多少磅？　答案 □

183.如果 2.5 美元相当于 5 澳元，那么 15 美元相当于多少澳元？

答案 □

184.1 千米等于 1 093 码，那么 1.1 千米是多少码？

答案 □

185.1 米等于 1 000 毫米，那么多少毫米是 7.02 米？

答案 □

186.1 升等于 1.75 品脱，那么 1.2 升是多少品脱？

答案 □

187.1 千米相当于 1 093 码，那么 2 千米是多少码？

答案 □

188.0.3 千米/秒和 20 千米/分钟相比，哪个速度更快？

答案 □

189.1 英寸等于 25.4 毫米，那么 4 英寸等于多少毫米？

答案 □

190.以 180 千米/小时的速度行驶，5 分钟可以行驶多远？

答案 □

191.如果 1 美元相当于 1.75 澳元，那么 6 美元相当于多少澳元？

答案 □

192.1 英里相当于 1.6 千米，那么 7 英里相当于多少千米？

答案 □

兑　换

193.如果4东加勒比元等于16特元（特立尼达和多巴哥元），那么20特元等于多少东加勒比元？

答案　[　　]

194.如果6东加勒比元等于13.5特元，那么9特元等于多少东加勒比元？

答案　[　　]

195.如果1元超级现金[①]等于2.5澳元，那么20澳元等于多少元超级现金？

答案　[　　]

196.如果1元超级现金等于1.8澳元，那么9澳元等于多少元超级现金？

答案　[　　]

197.如果1元超级现金等于4.5澳元，那么18澳元等于多少元超级现金？

答案　[　　]

198.如果1元超级现金等于1.6澳元，那么8澳元等于多少元超级现金？

答案　[　　]

199.如果1元超级现金等于2.5澳元，那么20澳元等于多少元超级现金？

答案　[　　]

---

① 超级现金，一种加密货币。——译者注

200. 如果 2.5 东加勒比元等于 5 特元，那么 10 特元等于多少东加勒比元？

答案 ☐

201. 如果 1.5 东加勒比元等于 6 特元，那么 1 特元等于多少东加勒比元？

答案 ☐

202. 如果 1 东加勒比元等于 3.2 特元，那么 9 特元等于多少东加勒比元？

答案 ☐

203. 如果 2 东加勒比元等于 8 特元，那么 26 特元等于多少东加勒比元？

答案 ☐

204. 如果 2 东加勒比元等于 6 特元，那么 24 特元等于多少东加勒比元？

答案 ☐

205. 如果 3 东加勒比元等于 3.6 特元，那么 6 特元等于多少东加勒比元？

答案 ☐

206. 如果 2 东加勒比元等于 2.5 特元，那么 15 特元等于多少东加勒比元？

答案 ☐

207. 如果 9.5 东加勒比元等于 1 特元，那么 114 特元等于多少东加勒比元？

答案 ☐

208.如果2东加勒比元等于3.5特元，那么7特元等于多少东加勒比元？

答案 ☐

209.如果3东加勒比元等于6特元，那么22特元等于多少东加勒比元？

答案 ☐

210.如果5东加勒比元等于15特元，那么18特元等于多少东加勒比元？

答案 ☐

序 列

序列问题曾经是极其常见的测试问题，但如今在职场中，这种问题在求职场合越来越少见，反而更容易出现在智商测试中。

如果你觉得自己对此类问题完全无法理解，你就打起精神来。如果你不断练习和多回顾答案解析，那么你的成绩会明显提高。

这些序列问题往往依据一些特定规则设定，一旦你了解了大部分规则，你就可以又快又准地解决这些问题。

211. ? 17 22 27 32 37	答案 ☐
212. 42 ? 26 18 10 2	答案 ☐
213. ? 6 36 216 1 296 7 776	答案 ☐
214. 20 25 30 ? 40 45	答案 ☐
215. 6 561 2 187 729 243 81 ?	答案 ☐
216. ? 75 150 300 600 1 200	答案 ☐

217. 23　19　15　?　7　3　　　　　　答案 ▢

218. 1　3　9　?　81　243　　　　　　答案 ▢

219. 435　?　609　696　783　870　　答案 ▢

220. 607.5　202.5　?　22.5　7.5　2.5　答案 ▢

221. 7　9　16　?　41　66　　　　　　答案 ▢

222. 125　142　?　176　193　210　　答案 ▢

223. 381　355　329　303　277　?　　答案 ▢

224. 250　?　40　16　6.4　2.56　　答案 ▢

225. 28　42　56　?　84　98　　　　答案 ▢

226. ?　2　2.5　4.5　7　11.5　　　答案 ▢

227. 1 201　1 302　1 403　?　1 605　1 706　答案 ▢

228. 100　10　?　0.1　0.01　0.001　答案 ▢

229. 200　129　58　?　−84　−155　答案 ▢

230. 18　21　39　?　99　　　　　　答案 ▢

231. 25　10　?　1.6　0.64　0.256　答案 ▢

232. −12　−34　?　−78　−100　−122　答案 ▢

233. 0.1　0.5　2.5　?　62.5　312.5　答案 ▢

234. 15　8　23　?　54　85　　　　答案 ▢

235. 10　?　41　17　52　09　　　　答案 ▢

236. 2　3　6　?　108　1 944　　　答案 ▢

237. 40　?　90　135　202.5　　　　答案 ▢

238. ?　1 332　1 665　1 998　2 331　2 664　答案 ▢

239. 70　11　81　92　?　265　　　答案 ▢

240. 19　81　86　17　41　?　　　　答案 ▢

241. 1　3　?　9　27　243　　　　答案 ☐

242. 12　2.4　?　0.096　0.019 2　　答案 ☐

243. 91　12　01　49　?　8 207　　答案 ☐

244. 1　4　9　16　?　36　　　　答案 ☐

245. 2　3　5　7　11　?　17　19　答案 ☐

246. 80　07　?　76　07　40　　　答案 ☐

247. 3∶4　6∶8　9∶12　12∶16　?　答案 ☐

248. 2　?　8　32　256　　　　答案 ☐

249. 0.5　3　18　?　648　　　答案 ☐

250. 14　91　62　?　6　　　　答案 ☐

251. 15　?　70　18　52　00　　答案 ☐

252. 24　17　41　58　?　　　答案 ☐

253. 3　8　24　?　4 608　　　答案 ☐

254. 2 401　343　?　7　1　　　答案 ☐

255. 36　?　64　81　100　121　答案 ☐

256. ?　2　3　4　6　12　　　答案 ☐

257. 104　?　130　143　156　答案 ☐

258. 67.24　8.2　9　?　3.24　1.8　答案 ☐

259. 4　8　16　?　64　128　　答案 ☐

260. 11　38　?　87　136　223　答案 ☐

261. 1∶2　2∶4　3∶6　?　5∶10　答案 ☐

262. 1　?　5　15　　　　　答案 ☐

263. 216　343　512　729　?　答案 ☐

264. 0.75　3　?　48　192　768　答案 ☐

265. ?　126　140　154　168　　　　答案 ☐

266. 222　426　?　032　　　　　　答案 ☐

267. 9　27　?　243　729　　　　　答案 ☐

268. 12.5　2.5　0.5　?　0.02　　　答案 ☐

269. 7　11　18　?　47　76　　　　答案 ☐

270. 144　121　?　81　64　　　　　答案 ☐

271. 1　2　?　14　　　　　　　　答案 ☐

272. 2　4　8　32　?　　　　　　　答案 ☐

273. 16　64　?　1 024　　　　　　答案 ☐

274. 324　?　36　12　4　　　　　答案 ☐

275. 192　?　252　729　　　　　　答案 ☐

276. ?　3　36　432　5 184　　　　答案 ☐

277. 510　152　?　303　540　　　答案 ☐

278. 1　2　?　8　16　　　　　　　答案 ☐

279. 320　?　20　5　1.25　　　　答案 ☐

280. 25　?　625　3 125　　　　　答案 ☐

281. 32　40　48　56　?　　　　　答案 ☐

282. 0.5　0.25　?　0.125　0.1　答案 ☐

283. 1　2　?　6　9　18　　　　　答案 ☐

284. 369　?　518　212　427　　　答案 ☐

285. 19　17　13　?　7　　　　　　答案 ☐

数量问题

　　如果你遇到的心理测试有关于数量问题的这类题型，那么你一定要坚持练习，直到你可以快速准确地解决问题。因为其他测试者也会坚持练习，所以除非你认真练习，否则你只能落在别人后面。以下59道练习题可以检测你对乘法和百分比的掌握情况。

　　切记不要使用计算器，你要练习动手计算。很快你就会找到窍门和快速计算的方法，部分方法在答案解析有说明。

　　286.如果星期一到星期五每天的报纸需要55便士，而星期六和星期日每天的报纸需要1.10英镑，那么每周的报纸共计需要花费多少钱？

　　A. 4.80英镑

　　B. 4.85英镑

　　C. 4.90英镑

　　D. 4.95英镑

答案 ☐

　　287.如果一盒冰激凌的价格是1.2英镑，那么6盒冰激凌需要多少钱？

　　A. 7.00英镑

　　B. 7.20英镑

　　C. 7.40英镑

　　D. 7.60英镑

答案 ☐

　　288.如果一台打印机1分钟可以打印30页，那么该打印机1小时可以打印多少页?

　　A. 18 页

　　B. 180 页

　　C. 1 800 页

　　D. 18 000 页

答案 ☐

　　289.如果有 40 个人, 每人每月向慈善机构捐赠 6 英镑, 持续捐赠一年, 那么他们总共捐了多少钱?

　　A. 288 英镑

　　B. 2 880 英镑

　　C. 28 800 英镑

　　D.以上答案均不对

答案 ☐

　　290.假设 A 公司的物业费为每月 18 英镑, B 公司的物业费为每年 200 英镑, 那么选择花销较少的公司一年可以节省多少钱?

　　A. 16 英镑

　　B. 17 英镑

　　C. 18 英镑

　　D. 19 英镑

答案 ☐

　　291.如果 200 名乘客每人携带 15 千克的手提行李上飞机, 那么这些乘客的手提行李共计有多重?

　　A. 300 千克

　　B. 600 千克

C. 3 000 千克

D. 6 000 千克

答案 ☐

292.一家布料店以75便士/米的价格购进15米布，那么这家布料店应支付多少钱？

A. 11.25 英镑

B. 11.50 英镑

C. 11.75 英镑

D. 12.00 英镑

答案 ☐

293.如果9盒巧克力重2.7千克，那么4盒巧克力重多少千克？

A. 0.9 千克

B. 1.2 千克

C. 1.5 千克

D. 1.8 千克

答案 ☐

294.如果一个水泵8分钟可以抽2 000升水，那么该水泵9分钟可以抽多少水？

A. 2 500 升

B. 2 400 升

C. 2 350 升

D. 2 250 升

答案 ☐

295.如果买一杯300克的咖啡需要7.5英镑，或买一杯1千克的咖啡需要26英镑，那么选择那种购买方案比较划算？

A. 300克一杯

B. 1千克一杯

C. 两种方案都一样

答案 ☐

296. 如果一个鞋盒可以放8双鞋，那么现有192只鞋子要打包，需要多少鞋盒？

A. 8个

B. 10个

C. 12个

D. 24个

答案 ☐

297. 如果1个桶可以装40升油，那么15个桶可以装多少油？

A. 60升

B. 300升

C. 600升

D. 900升

答案 ☐

298. 如果50支铅笔的价格为1.8英镑，那么70支铅笔需要多少钱？

A. 2.52英镑

B. 2.53英镑

C. 2.54英镑

D. 2.55英镑

答案 ☐

299.假设6个托盘可以装132个鸡蛋，那么4个托盘能装多少鸡蛋?

A. 85个

B. 86个

C. 87个

D. 88个

答案 ☐

300.如果一个家庭有30个人，他们会产生6 000袋垃圾，那么5个人会产生多少袋垃圾?

A. 600袋

B. 800袋

C. 1 000袋

D. 1 200袋

答案 ☐

301.如果你每个月的话费比较固定，都是14英镑，其中包括9英镑的季度租金，那么你每年的话费为多少（扣除月租后再计算）?

A. 200英镑

B. 185英镑

C. 143英镑

D. 132英镑

答案 ☐

302.如果一份人寿保单的月度保险费为每1 000英镑保值70便士保费，一个公司为其主要员工投了一份价值25万英镑的保单，那么该公司每年的保险费为多少钱？

A. 2 000 英镑

B. 2 100 英镑

C. 2 200 英镑

D. 2 300 英镑

答案 ☐

303. 假设一个工人每周工作35小时，时薪为5.2英镑。若他每周工作超过35小时，那么超出部分按原时薪的1.5倍计算。请问如果他一周工作了40个小时，那么他应该赚多少钱？

A. 218 英镑

B. 219 英镑

C. 220 英镑

D. 221 英镑

答案 ☐

304. 如果你买一台电脑需要交29英镑首付，然后每月支付16英镑，分18个月付清，那么这台电脑总共花费了你多少钱？

A. 317 英镑

B. 318 英镑

C. 319 英镑

D. 320 英镑

答案 ☐

305. 假设一个家庭每5天使用天然气的费用为1.20英镑，物业公司每天收取9便士的固定费用。若某家庭使用天然气为60天，那么请你预算一下，物业公司该收取多少费用？

A. 19.00英镑

B. 19.80英镑

C. 20.00英镑

D. 20.80英镑

答案 ☐

306.在质量控制过程中，每500个零件中就有30个零件因低于标准而退回，该零件的缺陷率为多少？

A. 3%

B. 6%

C. 9%

D. 12%

答案 ☐

307.期末考试满分为80分，奥兰多得了52分，那么他的期末成绩用百分比表示为多少？

A. 62%

B. 63%

C. 64%

D. 65%

答案 ☐

308.一项调查发现，60个受访者中有18人更喜欢黑巧克力，而不是白巧克力。在这群受访者中偏爱黑巧克力的人的百分比为多少？

A. 28%

B. 29%

C. 30%

D. 31%

答案 ☐

309.一家就业中介机构向客户收取 7.2 英镑，向员工支付 4.32 英镑，那么员工所得占中介机构总收费的百分比为多少?

A. 57%

B. 58%

C. 59%

D. 60%

答案 ☐

310.埃拉的收入为 88 英镑，缴税 9.68 英镑，那么他缴税总数占其收入的百分比为多少?

A. 9%

B. 10%

C. 11%

D. 12%

答案 ☐

311.由于发放无索赔补贴，一名司机原本应支付 650 英镑的汽车保险单，现节省了 487.50 英镑，那么此次保险的折扣是多少?

A. 60%

B. 65%

C. 70%

D. 75%

答案 ☐

312.如果个人贷款4 000英镑,那么银行会向其收取120英镑的贷款手续费,请问该手续费占其贷款的百分比为多少?

A. 3%

B. 4%

C. 5%

D. 6%

答案 ☐

313.掷色子420次,数字6朝上63次,那么数字6朝上的概率为多少?

A. 13%

B. 14%

C. 15%

D. 16%

答案 ☐

314.在一次电话促销活动中主办方共拨出6 300个电话,其中有126个成单,请用百分比表示此次电话促销活动的成单率。

A. 0.5%

B. 1%

C. 1.2%

D. 2%

答案 ☐

315.某储蓄账户的利息为4%,那么750英镑的存款将得多少利息?

A. 29英镑

B. 30英镑

C. 31英镑

D. 32英镑

答案 ☐

316.依据时刻表,火车全程应运行3小时,但火车晚点了15%,那么火车会晚点多久?

A. 25分钟

B. 26分钟

C. 27分钟

D. 28分钟

答案 ☐

317.商家在一盒600克的麦片中额外附赠了12.5%的重量,那么买家多得了多少麦片?

A. 60 克

B. 65 克

C. 70 克

D. 75 克

答案 ☐

318.一根400米长的绳子完全展开会变长9%,这根绳子变长了多少?

A. 36米

B. 37米

C. 38米

D. 39米

答案 ☐

319.一个水泵每小时可以抽2 400升水，它的替换型号可以多抽2.5%，那么新型号的水泵每小时可以抽多少水？

A. 2 440升

B. 2 450升

C. 2 460升

D. 2 470升

答案 ☐

320.自行车手在平地上平均每小时能骑行14英里。他在下坡时的平均速度增加40%，那么自行车手下坡时的平均速度是多少？

A. 19.5英里/时

B. 19.6英里/时

C. 19.7英里/时

D. 19.8英里/时

答案 ☐

321.信用卡余额的最低还款额为3%。如果信用卡应还额度为620英镑，那么你最低需要还款多少？

A. 16.6英镑

B. 17.6英镑

C. 18.6英镑

D. 19.6英镑

答案 ☐

322.在A条件下，电机每分钟3 550转；在B条件下，电机转速度降低20%。那么，在B条件下电机每分钟多少转？

A. 4 260 转

B. 3 850 转

C. 2 840 转

D. 710 转

答案　☐

323. 一个马拉松运动员的最佳纪录为 4 小时 30 分钟，她的某次比赛成绩比自己的最佳纪录少用了 5% 的时间，那么她新的最好个人成绩是多少？

A. 4 小时 16 分 30 秒

B. 4 小时 17 分钟

C. 4 小时 17 分 30 秒

D. 4 小时 18 分

答案　☐

324. 某村人口数量增长了 3%，增至 3 605 人，那么该村原有人口数量为多少？

A. 3 460 人

B. 3 480 人

C. 3 500 人

D. 3 510 人

答案　☐

325. 一台车用现金支付需要 7 000 英镑，贷款支付比现金支付贵 8%。若顾客贷款买车，那么他应付多少钱？

A. 7 560 英镑

B. 7 570 英镑

C. 7 580英镑

D. 7 590英镑

答案 ☐

326.一个村庄原有人口4 300人，5年内人口比原来减少了4%，那么现在村里有多少人？

A. 4 126人

B. 4 128人

C. 4 130人

D. 4 132人

答案 ☐

327.绿方得票30 000票，而蓝方比绿方多得8%的选票，那么蓝方获得多少选票？

A. 32 000票

B. 32 400票

C. 32 800票

D. 33 200票

答案 ☐

328.红方得票22 000票，黄方比红方的得票少18%，那么黄方获得多少选票？

A. 17 920票

B. 17 960票

C. 18 000票

D. 18 040票

答案 ☐

329.一台计算机打折8%后，售价为552英镑，那么此计算机原价为多少钱？

A. 550英镑

B. 600英镑

C. 654英镑

D. 656英镑

答案 ☐

330.一段金属冷却后收缩了2%，长度变为3米，那么这段金属冷却前的长度是多少？

A. 306厘米

B. 296厘米

C. 276厘米

D. 266厘米

答案 ☐

331.一根绳子在负载下延长了25%，长度变为300米，那么在负载前，这根绳子的长度是多少？

A. 240米

B. 230米

C. 220米

D. 210米

答案 ☐

332.罗拉的时薪提高了8%，变为6.75英镑，那么罗拉原来的时薪是多少？

A. 6.20英镑

B. 6.25英镑

C. 6.30英镑

D. 6.35英镑

答案 ☐

333.如果一辆汽车价值为6 000英镑，每年贬值12%，那么两年后该车的价值多少？

A. 4 246.40英镑

B. 4 446.40英镑

C. 4 646.40英镑

D. 4 846.40英镑

答案 ☐

334.如果人口数量以18 000人为基点，每年增长5%，那么两年之后人口变为多少？

A. 16 245人

B. 17 600人

C. 18 900人

D. 19 845人

答案 ☐

335.现在完成一个订单所花费的时间为12秒，比原来少用了8秒，那么现在订单的完成效率提高了多少？

A. 16%

B. 20%

C. 40%

D. 60%

答案 ☐

336.如果一项投资从800英镑增长到1 100英镑,那么这项投资增长的百分比是多少?

A. 37.5%

B. 39%

C. 40.5%

D. 42%

答案 ☐

337.一辆车以8 000英镑的价格购得,又以6 000英镑的价格卖出,那么这辆车价值损失的百分比是多少?

A. 10%

B. 15%

C. 20%

D. 25%

答案 ☐

338.一块手表以25英镑的价格买进,又以高于原价8%的价格卖出,那么这块手表的卖出价格是多少?

A. 25英镑

B. 26英镑

C. 27英镑

D. 28英镑

答案 ☐

339.某栋房子以12万英镑的价格卖出,该价格与买进时的价格相比减少了4%,那么该房子最初的买进价格为多少?

A. 115 200 英镑

B. 124 800 英镑

C. 129 600 英镑

D. 132 800 英镑

答案 ☐

340. 12个鸡蛋为一盒，某人买一盒鸡蛋需要1.5英镑，如果他以每个鸡蛋15便士的价格卖出，那么他赚得的利润百分比是多少？

A. 20%

B. 18%

C. 15%

D. 13%

答案 ☐

341. 以每千克3英镑的价格购进一些糖，又以每100克60便士的价格卖出，那么利润的百分比是多少（在成本/购买价格的基础上计算）？

A. 1 000%

B. 200%

C. 100%

D. 10%

答案 ☐

342. 20只股票以每股2.5英镑的价格买进，股票持有者卖出后共得42英镑，盈利/亏损的百分比是多少（在成本/购买价格的基础上计算）？

A. 盈利13%

B.亏损 14%

C.盈利 15%

D.亏损 16%

答案 ☐

343.一家公司某年的营业额为 50 万英镑,总成本为 51.5 万英镑,那么该公司当年亏损的百分比是多少(在成本/购买价格的基础上计算)?

A. 0.3%

B. 1%

C. 2%

D. 3%

答案 ☐

344.吉诺·格罗索(Gino Grosso)冰激凌机的冰激凌单个成本价格仅为 10 便士,然后这些冰激凌以 1.20 英镑的单价售出,那么冰激凌利润的百分比是多少(在成本/购买价格的基础上计算百分比)?

A. 110%

B. 220%

C. 660%

D. 1 100%

答案 ☐

第6章

非言语推理、机械知识理解及数据解读

如果你一直在寻找帮助，想要准备这种类型的测试，那么现在你已经找到了。你现在要做的就是，找个安静的地方，安顿下来，开始练习。用不了多久，你就可以娴熟地回答这些问题，并获得更高的分数。

关于非言语推理和机械知识理解测试的实践材料少之又少，因此本章的练习对面临这些类型测试的考生非常有益。本章还包含50个数据解读类的问题。

这些类型的问题很常见，尤其是在选择研究生管理课程和学习课程时，你会经常遇到。像各种心理测试一样，是否实践这类测试会决定你成功与否。如果你正面临的考试包含这类问题，那么你可以用本章提供的问题来制订一个实践计划。

非言语推理

下面是100道非言语推理测试的练习题。这些练习包括三类问题：一是识别共性特征，二是完成非言语序列，三是完成非言语矩阵。使用这些练习题进行练习，你可以变得自信满满，答题快速准确。在许多测试中，问题都是基于旋转（将一个图形旋转）、交替

（将某一图形变为其他东西，然后又变回这一图形）、一致性（做一个变动，然后持续变动）、替换（将一个或多个图形替换成其他图形）的，还有关注细节类的问题。

前30个问题要求你从示例图形中识别它们的共同特征，然后从建议答案的图形中选出具备该特征的图形。

接下来的50个问题会列出一系列图形，你必须确定选项中的哪一个是这一系列的下一个步骤，或者哪一个是该系列中缺失的步骤。

最后20个问题涉及图形的行和列，你的任务是从选项的图形中找出缺失的图形。

与大多数测试一样，示例一开始比较容易，然后会逐渐变难。

共同特征

1.找出与问题中的图形具备共同特征的图形。

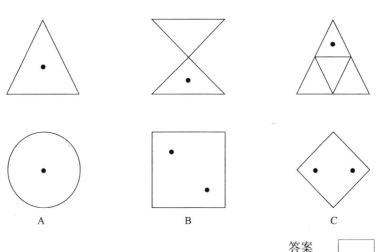

A　　　　　　　B　　　　　　　C

答案　□

2.找出与问题中的图形具备共同特征的图形。

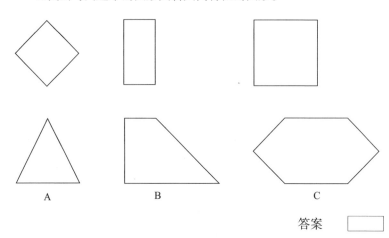

A　　　　　　　B　　　　　　　C

答案 ☐

3.找出与问题中的图形具备共同特征的图形（第三幅图是一个三角形的金字塔）。

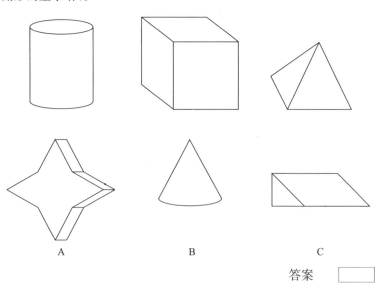

A　　　　　　　B　　　　　　　C

答案 ☐

4.找出与问题中的图形具备共同特征的图形。

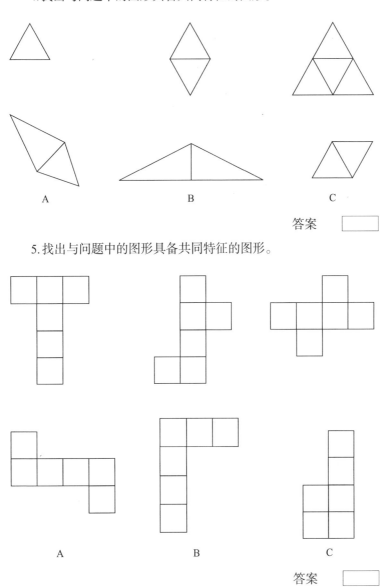

A

B

C

答案 ▢

5.找出与问题中的图形具备共同特征的图形。

A

B

C

答案 ▢

6.找出与问题中的图形具备共同特征的图形。

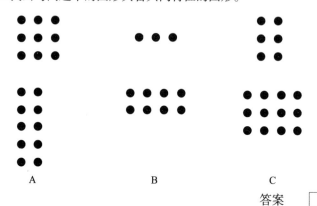

A   B   C

答案 ☐

7.找出与问题中的图形具备共同特征的图形。

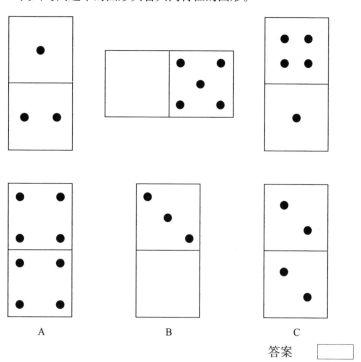

A   B   C

答案 ☐

8.找出与问题中的图形具备共同特征的图形。

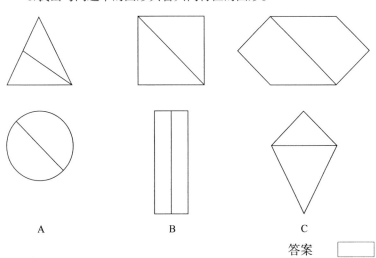

A　　　　　　　　B　　　　　　　　C

答案　　　　　　　

9.找出与问题中的图形具备共同特征的图形。

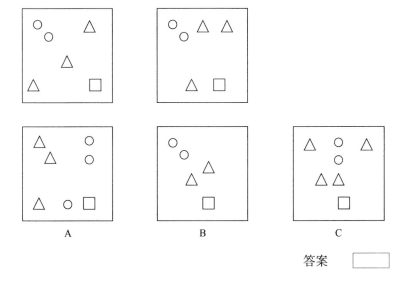

A　　　　　　　　B　　　　　　　　C

答案

10.找出与问题中的图形具备共同特征的图形。

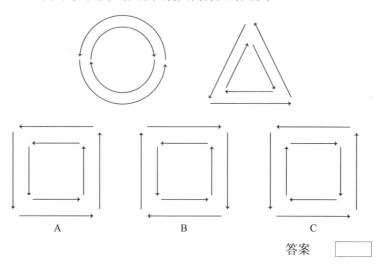

A   B   C

答案 ☐

11.找出与问题中的图形具备共同特征的图形。

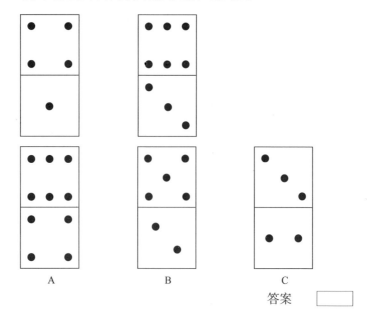

A   B   C

答案 ☐

12.找出与问题中的图形具备共同特征的图形。

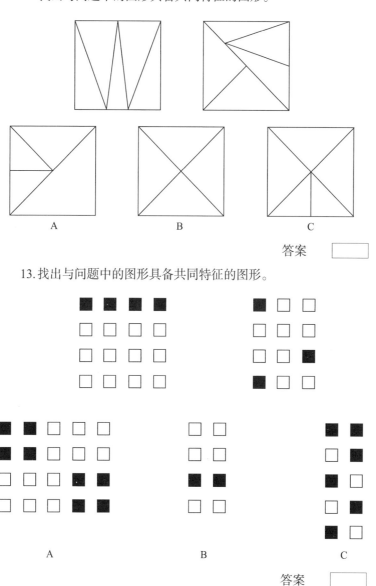

答案 ▢

13.找出与问题中的图形具备共同特征的图形。

答案 ▢

14.找出与问题中的图形具备共同特征的图形。

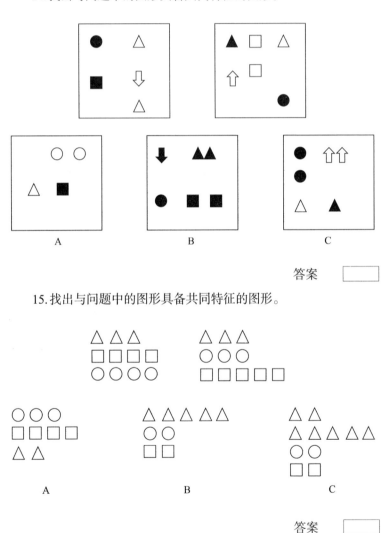

A   B   C

答案 ☐

15.找出与问题中的图形具备共同特征的图形。

A   B   C

答案 ☐

16.找出与问题中的图形具备共同特征的图形。

●●○○●● 　　　　 ●●○○○●

○○●●○○　　　●○○○○●　　　●○●○●○

A 　　　　　　 B 　　　　　　 C

答案 ☐

17.找出与问题中的图形具备共同特征的图形。

A 　　　　　　 B 　　　　　　 C

答案 ☐

18. 找出与问题中的图形具备共同特征的图形。

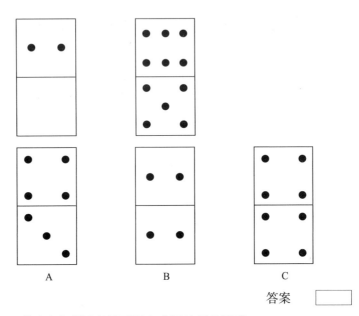

A   B   C

答案 ☐

19. 找出与问题中的图形具备共同特征的图形。

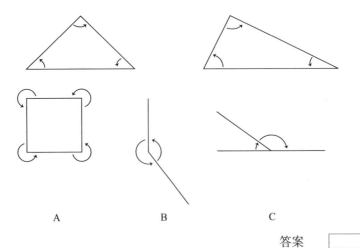

A   B   C

答案 ☐

20.找出与问题中的图形具备共同特征的图形。

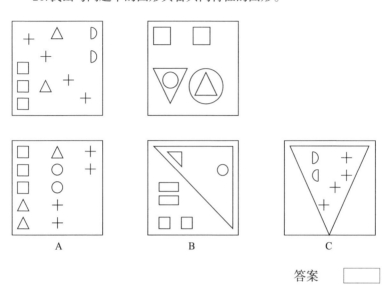

A   B   C

答案 □

21.找出与问题中的图形具备共同特征的图形。

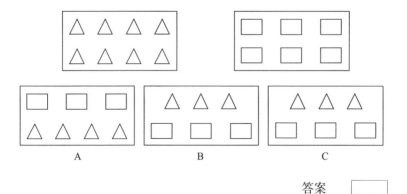

A   B   C

答案 □

22.找出与问题中的图形具备共同特征的图形。

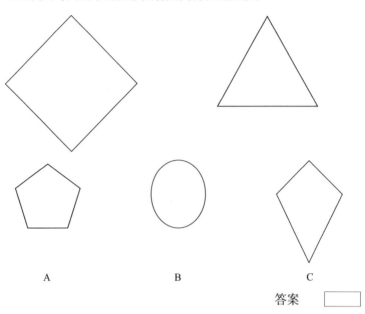

A   B   C

答案 ☐

23.找出与问题中的图形具备共同特征的图形。

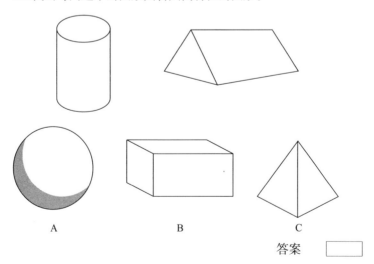

A   B   C

答案 ☐

24.找出与问题中的图形具备共同特征的图形。

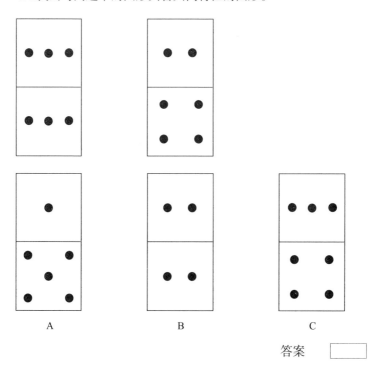

A   B   C

答案 ☐

25.找出与问题中的图形具备共同特征的图形。

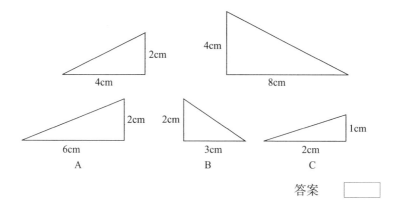

答案 ☐

26.找出与问题中的图形具备共同特征的图形。

答案 ☐

27.找出与问题中的图形具备共同特征的图形。

28.找出与问题中的图形具备共同特征的图形。

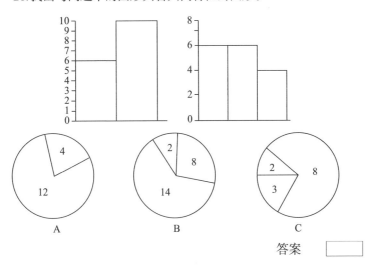

答案 ☐

29.找出与问题中的图形具备共同特征的图形。

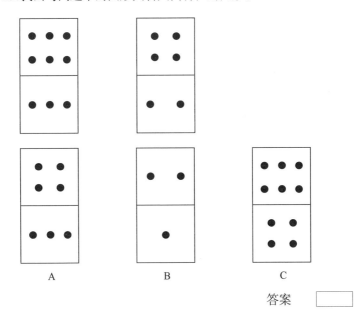

答案 ☐

30. 找出与问题中的图形具备共同特征的图形。

答案

找出图形，补全系列

接下来的50个问题是非言语推理，这些问题中的各个图形会组成一个图形系列。你的任务是在多个选项中找出一个系列中缺失的图形或系列发展下一步的图形。

31. 以下选项中的哪一个图形是系列图形的下一个步骤的图形或者系列图形中缺失步骤的图形？

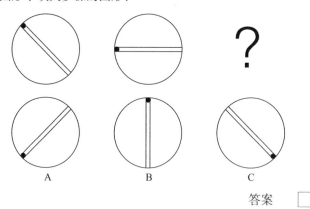

答案

32.以下选项中的哪一个图形是系列图形的下一个步骤的图形或者系列图形中缺失步骤的图形?

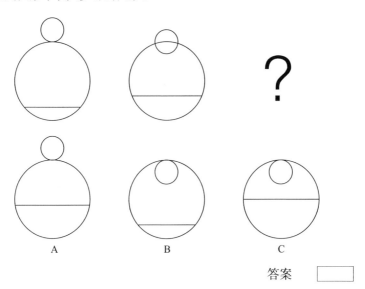

A   B   C

答案

33.以下选项中的哪一个图形是系列图形的下一个步骤的图形或者系列图形中缺失步骤的图形?

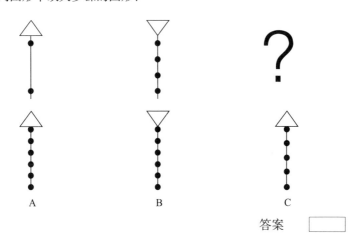

A   B   C

答案

34.以下选项中的哪一个图形是系列图形的下一个步骤的图形或者系列图形中缺失步骤的图形？

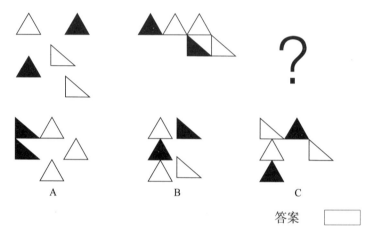

答案

35.以下选项中的哪一个图形是系列图形的下一个步骤的图形或者系列图形中缺失步骤的图形？

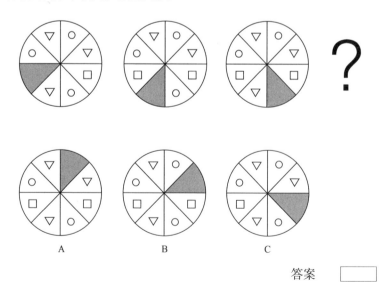

答案

36. 以下选项中的哪一个图形是系列图形的下一个步骤的图形或者系列图形中缺失步骤的图形？

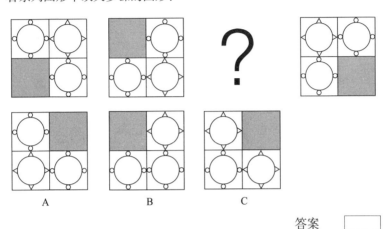

答案 ☐

37. 以下选项中的哪一个图形是系列图形的下一个步骤的图形或者系列图形中缺失步骤的图形？

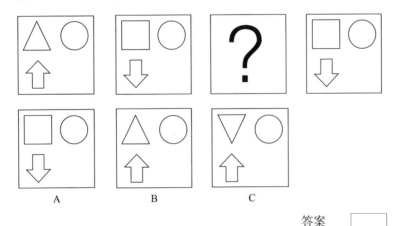

答案 ☐

38.以下选项中的哪一个图形是系列图形的下一个步骤的图形或者系列图形中缺失步骤的图形?

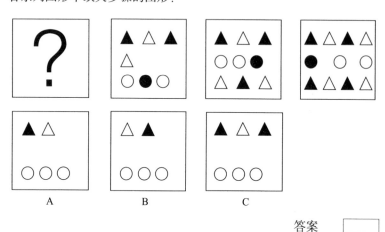

A   B   C

答案 _____

39.以下选项中的哪一个图形是系列图形的下一个步骤的图形或者系列图形中缺失步骤的图形?

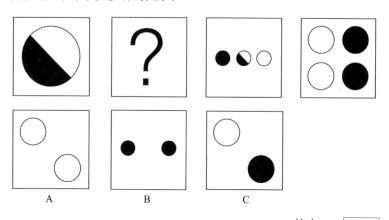

A   B   C

答案 _____

40.以下选项中的哪一个图形是系列图形的下一个步骤的图形或者系列图形中缺失步骤的图形?

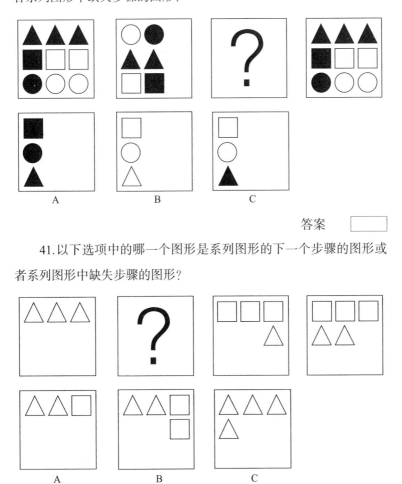

答案 ☐

41.以下选项中的哪一个图形是系列图形的下一个步骤的图形或者系列图形中缺失步骤的图形?

答案 ☐

42.以下选项中的哪一个图形是系列图形的下一个步骤的图形或者系列图形中缺失步骤的图形？

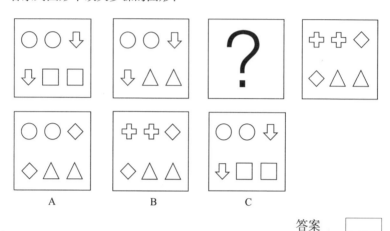

A   B   C

答案 ☐

43.以下选项中的哪一个图形是系列图形的下一个步骤的图形或者系列图形中缺失步骤的图形？

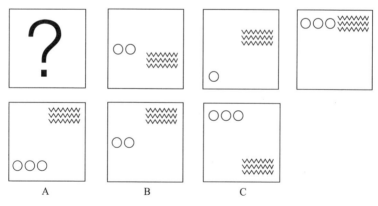

A   B   C

答案 ☐

44.以下选项中的哪一个图形是系列图形的下一个步骤的图形或者系列图形中缺失步骤的图形?

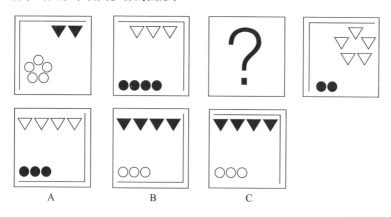

答案　□

45.以下选项中的哪一个图形是系列图形的下一个步骤的图形或者系列图形中缺失步骤的图形?

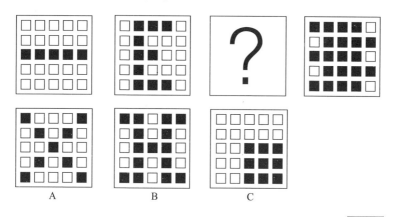

答案　□

46.以下选项中的哪一个图形是系列图形的下一个步骤的图形或者系列图形中缺失步骤的图形？

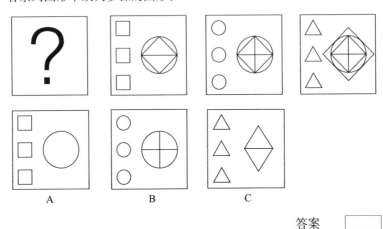

答案 ☐

47.以下选项中的哪一个图形是系列图形的下一个步骤的图形或者系列图形中缺失步骤的图形？

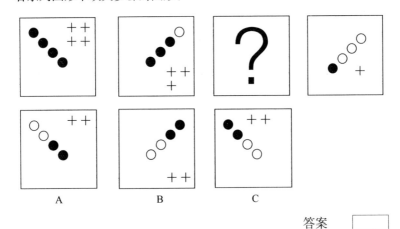

答案 ☐

48.以下选项中的哪一个图形是系列图形的下一个步骤的图形或者系列图形中缺失步骤的图形?

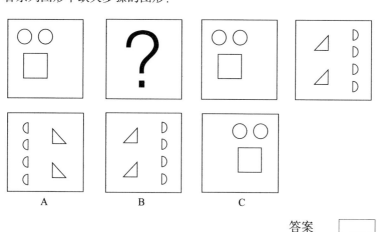

A   B   C

答案 ☐

49.以下选项中的哪一个图形是系列图形的下一个步骤的图形或者系列图形中缺失步骤的图形?

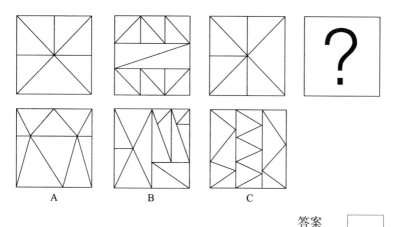

A   B   C

答案 ☐

50.以下选项中的哪一个图形是系列图形的下一个步骤的图形或者系列图形中缺失步骤的图形?

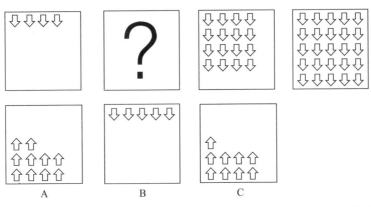

答案 ☐

51.以下选项中的哪一个图形是系列图形的下一个步骤的图形或者系列图形中缺失步骤的图形?

答案 ☐

52.以下选项中的哪一个图形是系列图形的下一个步骤的图形或者系列图形中缺失步骤的图形?

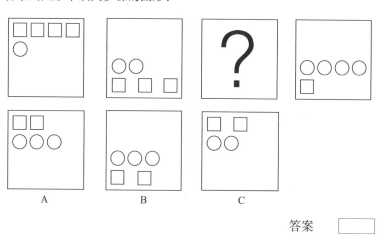

A　　　　　　B　　　　　　C

答案 ▢

53.以下选项中的哪一个图形是系列图形的下一个步骤的图形或者系列图形中缺失步骤的图形?

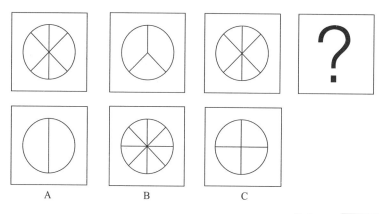

A　　　　　　B　　　　　　C

答案 ▢

54.以下选项中的哪一个图形是系列图形的下一个步骤的图形或者系列图形中缺失步骤的图形？

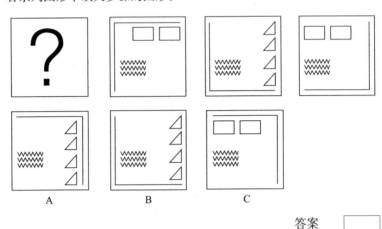

答案 ☐

55.以下选项中的哪一个图形是系列图形的下一个步骤的图形或者系列图形中缺失步骤的图形？

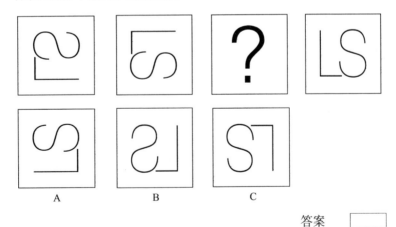

答案 ☐

56.以下选项中的哪一个图形是系列图形的下一个步骤的图形或者系列图形中缺失步骤的图形?

A　　　　　　　　B　　　　　　　　C

答案　☐

57.以下选项中的哪一个图形是系列图形的下一个步骤的图形或者系列图形中缺失步骤的图形?

A　　　　　　　　B　　　　　　　　C

答案　☐

58.以下选项中的哪一个图形是系列图形的下一个步骤的图形或者系列图形中缺失步骤的图形?

A   B   C

答案 _____

59.以下选项中的哪一个图形是系列图形的下一个步骤的图形或者系列图形中缺失步骤的图形?

A   B   C

答案 _____

60.以下选项中的哪一个图形是系列图形的下一个步骤的图形或者系列图形中缺失步骤的图形?

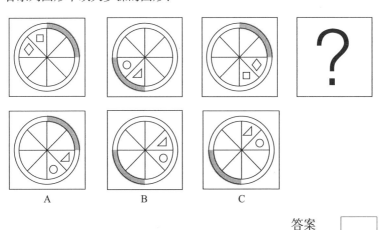

A   B   C

答案

61.以下选项中的哪一个图形是系列图形的下一个步骤的图形或者系列图形中缺失步骤的图形?

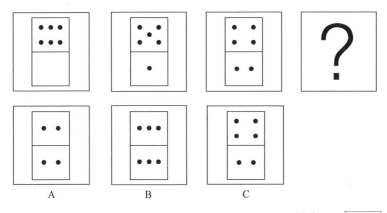

A   B   C

答案

62.以下选项中的哪一个图形是系列图形的下一个步骤的图形或者系列图形中缺失步骤的图形?

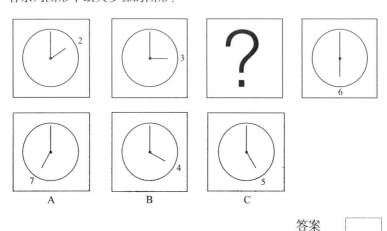

答案

63.以下选项中的哪一个图形是系列图形的下一个步骤的图形或者系列图形中缺失步骤的图形?

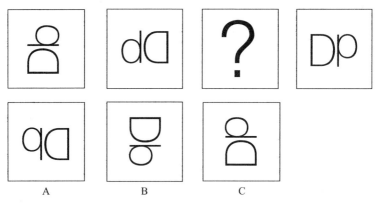

答案

64.以下选项中的哪一个图形是系列图形的下一个步骤的图形或者系列图形中缺失步骤的图形?

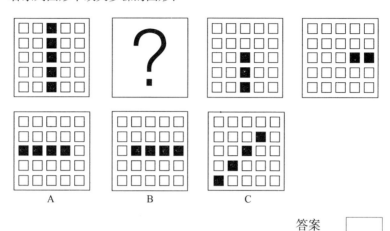

A　　　　　　B　　　　　　C

答案　[　　　]

65.以下选项中的哪一个图形是系列图形的下一个步骤的图形或者系列图形中缺失步骤的图形?

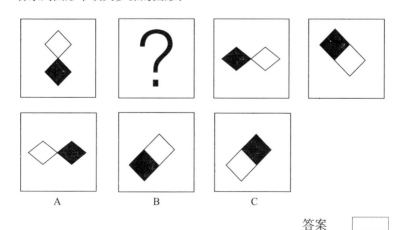

A　　　　　　B　　　　　　C

答案　[　　　]

66.以下选项中的哪一个图形是系列图形的下一个步骤的图形或者系列图形中缺失步骤的图形？

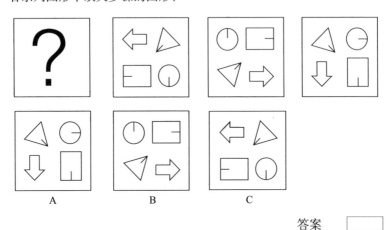

A   B   C

答案 _____

67.以下选项中的哪一个图形是系列图形的下一个步骤的图形或者系列图形中缺失步骤的图形？

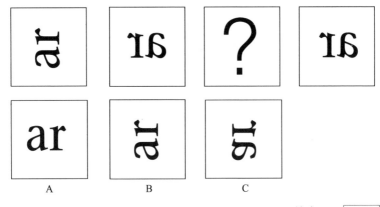

A   B   C

答案 _____

68.以下选项中的哪一个图形是系列图形的下一个步骤的图形或者系列图形中缺失步骤的图形?

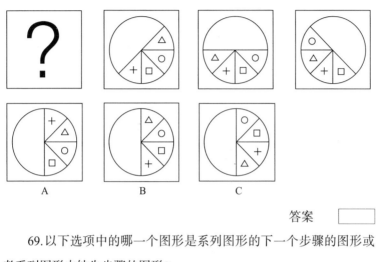

A　　　　　　B　　　　　　C

答案

69.以下选项中的哪一个图形是系列图形的下一个步骤的图形或者系列图形中缺失步骤的图形?

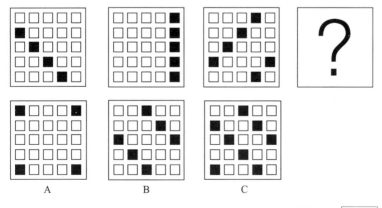

A　　　　　　B　　　　　　C

答案

70.以下选项中的哪一个图形是系列图形的下一个步骤的图形或者系列图形中缺失步骤的图形？

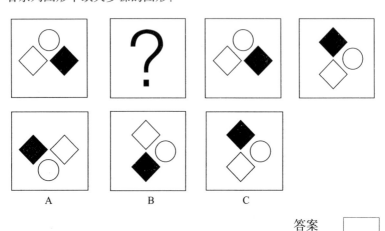

A   B   C

答案 ☐

71.以下选项中的哪一个图形是系列图形的下一个步骤的图形或者系列图形中缺失步骤的图形？

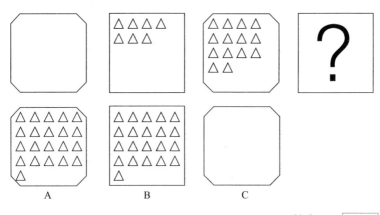

A   B   C

答案 ☐

72.以下选项中的哪一个图形是系列图形的下一个步骤的图形或者系列图形中缺失步骤的图形?

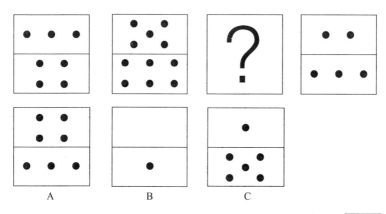

答案 □

73.以下选项中的哪一个图形是系列图形的下一个步骤的图形或者系列图形中缺失步骤的图形?

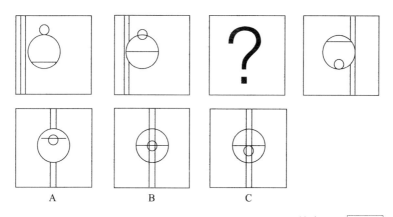

答案 □

74.以下选项中的哪一个图形是系列图形的下一个步骤的图形或者系列图形中缺失步骤的图形?

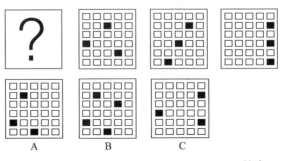

A   B   C

答案

75.以下选项中的哪一个图形是系列图形的下一个步骤的图形或者系列图形中缺失步骤的图形?

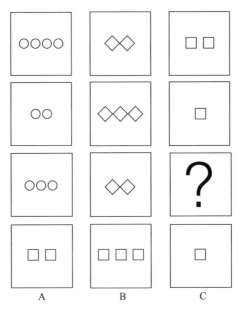

A   B   C

答案

76.以下选项中的哪一个图形是系列图形的下一个步骤的图形或者系列图形中缺失步骤的图形？

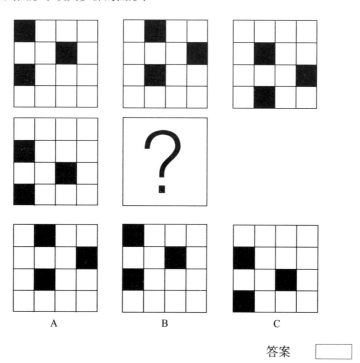

A   B   C

答案 ☐

77.以下选项中的哪一个图形是系列图形的下一个步骤的图形或者系列图形中缺失步骤的图形？

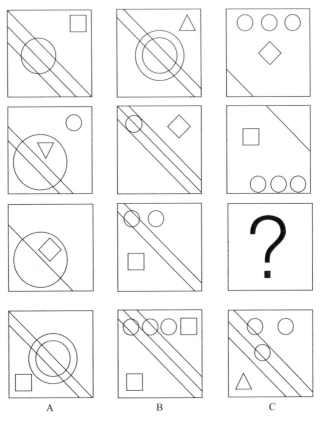

答案 ☐

78.以下选项中的哪一个图形是系列图形的下一个步骤的图形或者系列图形中缺失步骤的图形?

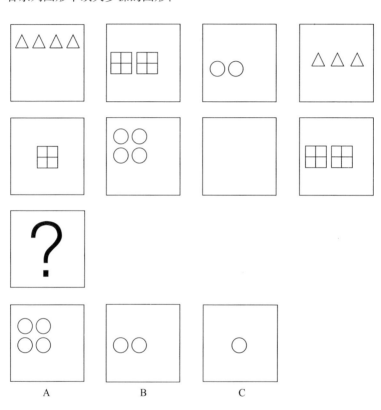

答案　☐

79.以下选项中的哪一个图形是系列图形的下一个步骤的图形或者系列图形中缺失步骤的图形?

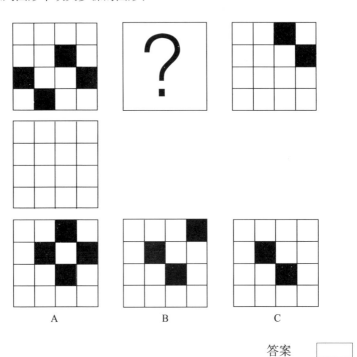

答案 ☐

80.以下选项中的哪一个图形是系列图形的下一个步骤的图形或者系列图形中缺失步骤的图形?

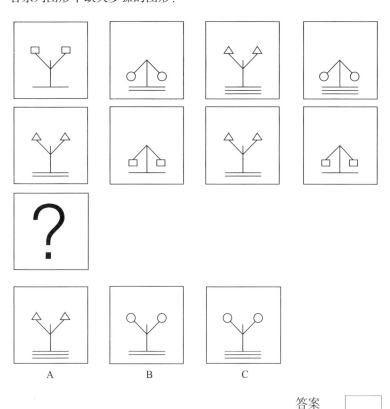

A   B   C

答案 ☐

完成横行或纵行的系列图形

这种类型的问题要求你完成水平或垂直的图形序列，共20个问题。

81.找出选项中可以完成该图形系列的图形。

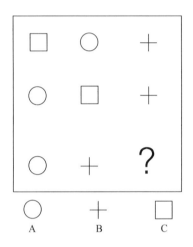

答案 ⬚

82.找出选项中可以完成该图形系列的图形。

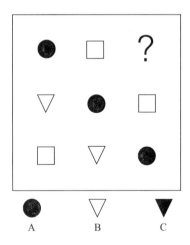

答案 ⬚

83.找出选项中可以完成该图形系列的图形。

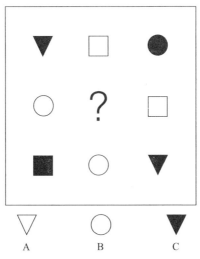

答案 ☐

84.找出选项中可以完成该图形系列的图形。

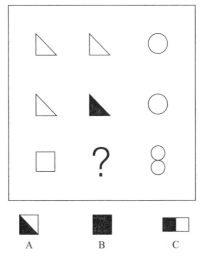

答案 ☐

85.找出选项中可以完成该图形系列的图形。

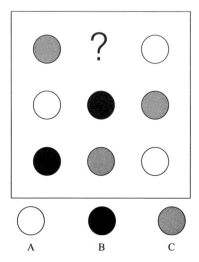

答案 ☐

86.找出选项中可以完成该图形系列的图形。

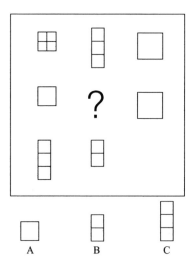

答案 ☐

87. 找出选项中可以完成该图形系列的图形。

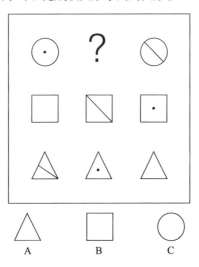

88. 找出选项中可以完成该图形系列的图形。

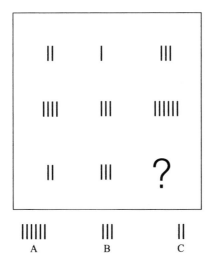

答案 ☐

89.找出选项中可以完成该图形系列的图形。

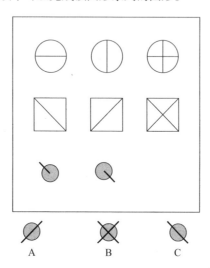

答案 ☐

90.找出选项中可以完成该图形系列的图形。

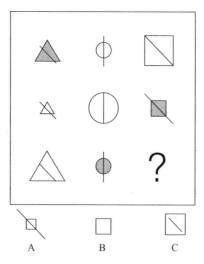

答案 ☐

91.找出选项中可以完成该图形系列的图形。

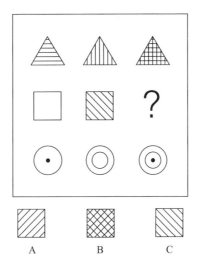

答案　☐

92.找出选项中可以完成该图形系列的图形。

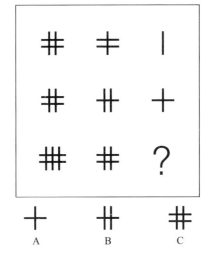

答案　☐

93.找出选项中可以完成该图形系列的图形。

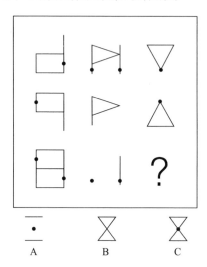

答案 ☐

94.找出选项中可以完成该图形系列的图形。

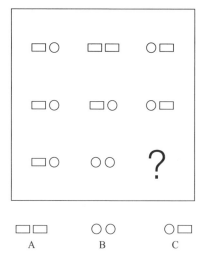

答案 ☐

95.找出选项中可以完成该图形系列的图形。

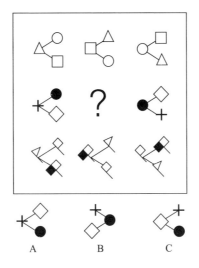

答案 □

96.找出选项中可以完成该图形系列的图形。

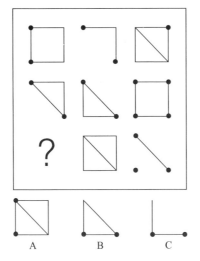

答案 □

97.找出选项中可以完成该图形系列的图形。

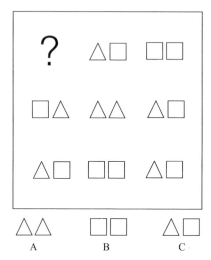

A   B   C

答案 ☐

98.找出选项中可以完成该图形系列的图形。

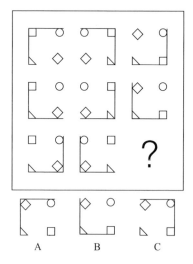

A   B   C

答案 ☐

99.找出选项中可以完成该图形系列的图形。

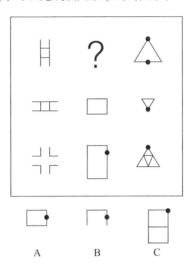

答案 ☐

100.找出选项中可以完成该图形系列的图形。

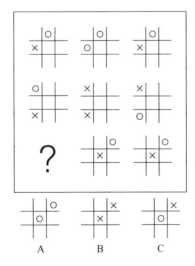

答案 ☐

机械知识理解

这些问题可以测试你所掌握的基础物理知识和力学原理。其中，很多问题都会包含一个图，但不是全部问题都有图。这种类型的问题用于挑选学徒职位的候选人，也会用来测试申请者是否适合参与大学工艺课程的培训。

101.下列哪个视线点出错的可能性最小？

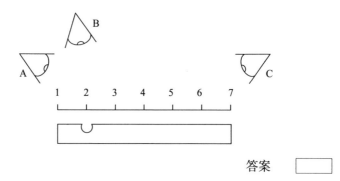

答案 ☐

102.收音机会产生哪种形式的能量？

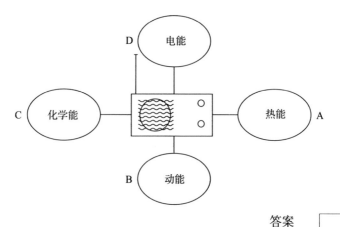

答案 ☐

103.当烟花被点燃时,化学能转化成什么?

A.弹性能

B.动能

C.热能

D.电磁能

E.引力能

答案 ☐

104.分子间的作用力在冰中更强,还是在水中更强?

答案 ☐

105.在体积相同的情况下,下列哪个物体的表面积最小?

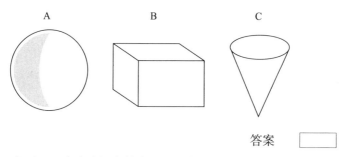

答案 ☐

106.在下面两个清洁的水管中,哪个水管的水位会更高?

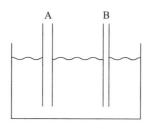

A.A水管

B.B水管

C.液体会上升到相同高度

D.液体根本不会上升

答案

107～108.水银如果有弯液面的话，那么具体是怎样弯曲的？
水的弯液面又是怎样的？

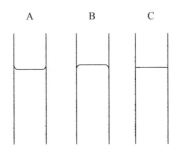

答案

109.开口销A和B将铁板紧紧地固定在C和D两块物体上，加热
铁板，会发生什么情况？

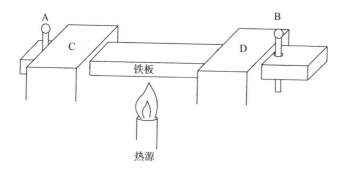

A.开口销将被折弯

B.在开口销与C和D两块物体之间会出现缝隙

C.什么也不会发生

答案 ☐

110.下面电话线的图示是在夏天，还是冬天绘制的？

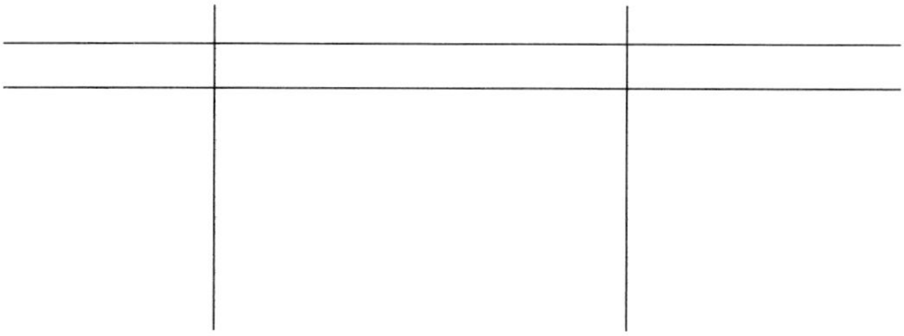

答案 ☐

111.下面哪个玻璃杯装入热水时更容易破裂？

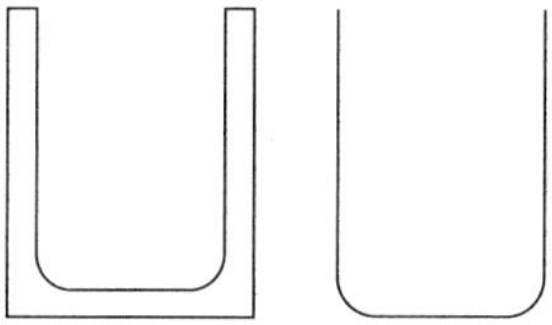

A　　　B

答案 ☐

112.加热双金属片时，它们会朝哪个方向弯曲？

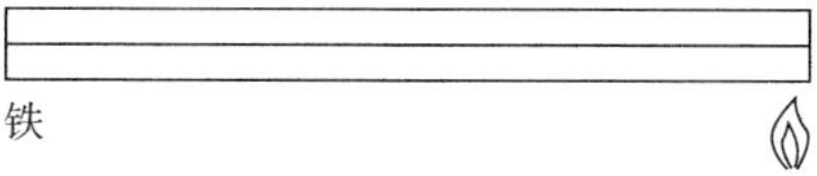

黄铜

铁

A.向上弯曲

B.向下弯曲

C.笔直不动

答案 ☐

113.下图的密度曲线代表的是哪种液体?

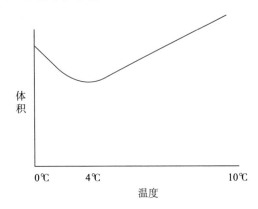

A.水

B.油

C.汽油

答案 ☐

114.如果除去热源,玻璃球中的空气冷却,那么烧杯中的水位会发生什么变化?

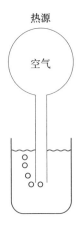

A.上升

B.下降

C.保持不变

答案　　□

115～116.闭合开关，会发生什么状况？

双金属片加热后会发生什么状况？

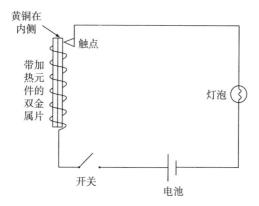

A.灯泡会点亮

B.加热元件会发热

C.A 和 B 都对

D.A 和 B 都不对

E.一旦双金属片变热，电路将保持不变

F.一旦双金属片变热，电路将会被切断

答案　　□

117.如果温度保持不变，压力加倍，那么截留气体的体积会发生

什么变化？

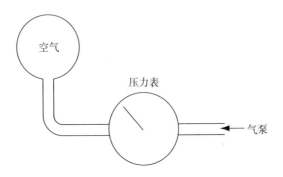

A.气体所占的体积将减少1/3

B.气体体积将翻倍

C.气体体积将减少1/4

D.气体体积将减少1/2

答案 ☐

118.下面各条的长度和厚度均相同，哪条线上的A点会首先达到最高温度？

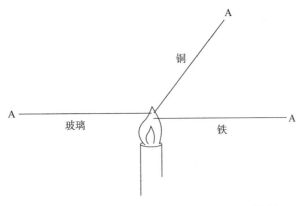

答案 ☐

119.下面哪一种液体最后沸腾？

A.水

B.水银

C.酒精

答案　　□□□

120.如果在旗杆上升一面旗，那么这面旗会朝着那个方向飘动？

A.朝向海面的一侧

B.陆地的一侧

C.无法确定

答案　　□□□

121.如果将罐子放在阳光下，那么下面哪个罐子里的水需要更长时间才能变暖？

A.闪亮的锡罐

B.哑光黑漆锡罐

答案　　□□□

122.如果在北半球装一块太阳能电池板，那么你希望它朝着哪个方向？

A.北

B.南

C.东

D.西

E.无法确定

答案 ☐

123.下面哪个方向是东方？

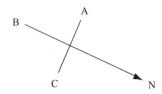

答案 ☐

124.水的温度会是多少？

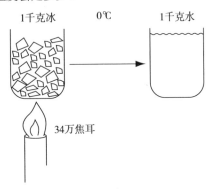

A.无法确定

B.0℃以上

C.0℃

答案 ☐

125.矿泉水制成的冰的温度是多少？

A.0℃

B. 低于0℃

C. 高于0℃

答案 ☐

126. 下图会发生什么状况？

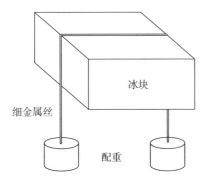

A. 冰块会被从中间切开

B. 什么也不会发生

C. 金属丝最终会从冰块的底部脱落

答案 ☐

127. 向正在沸腾的水中加入盐，会发生什么情况？

A. 水会加剧沸腾

B. 水温会下降

C. 水会不再沸腾

D. 水温会开始上升

答案 ☐

128. 在高海拔地区，水在什么温度下会沸腾？

A. 100℃

B. 低于100℃

C.高于100℃

答案 ☐

129.如果一个包裹在纽约重80千克，那么这个包裹在北极的重量是多少？

A.与在纽约相同

B.比在纽约稍重一点

C.比在纽约稍轻一些

答案 ☐

130.下面哪个形状最坚固？

A　　　　　　B　　　　　　C

答案 ☐

131.下列哪个物质的密度最小，哪个密度最大？

A.冰

B.水

C.油

答案 ☐

132.一桶水中的哪个地方受压力最大，在桶的顶部、底部还是中部？

答案 ☐

133.哪个方向的压力最大?

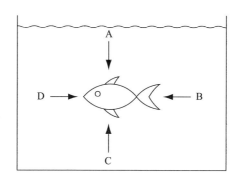

A. A

B. B

C. C

D. D

E. 都一样

答案 ☐

134.下面哪部分是汽油,哪部分是冰?

A. 汽油

B. 汽油

A. 冰

B. 冰

答案 ☐

135.在雨天，你会看到如下哪个气压读数？

A. 970 毫巴

B. 1 010 毫巴

C.无法确定

答案

136.什么力量能把钉子夹在木头里？

A.分子膨胀力

B.摩擦力

C.分子黏结力

D.传导力

答案

137.哪种力不能远程发挥作用？

A.电力

B.磁力

C.重力

D.摩擦力

答案

138.车辆在下图中何时达到了等速？

答案

139.哪个状态处于平衡状态?

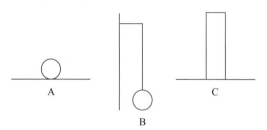

A.A

B.B

C.C

D.三项均是

答案　☐

140.哪条线最有可能代表该形状的重心?

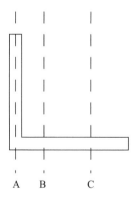

答案　☐

141.当人们开枪时，潜在的化学能会转变成哪种能量?

A.现实的化学能

B.电能

C.动能

D.弹性能

E.引力能

F.热能和光能

答案 ☐

142.A齿轮会放大力量、距离还是可以将两者都放大?

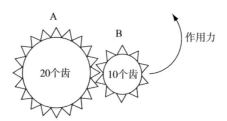

答案 ☐

143.下面哪条线表示飞机加速起飞?

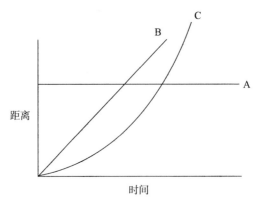

答案 ☐

144.下图中哪个需要的力最小?

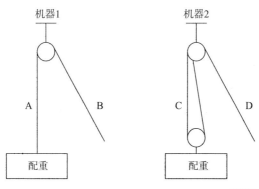

答案

145.哪个齿轮以每秒30转的转速按逆时针方向旋转?

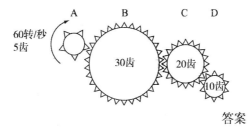

答案

146.这个形状是凹面的，还是凸面的?

A.凹面的

B.凸面的

C.都是

D.都不是

答案

147.哪组磁铁会相互排斥？

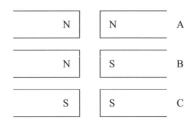

答案 ☐

148.彩虹有几种颜色？

A. 5　　　　B. 6　　　　C. 7　　　　D. 8

答案 ☐

149. 哪个图示指示电流的正确方向？

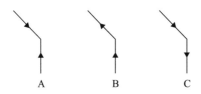

答案 ☐

150.哪个电极会产生更多的气泡？

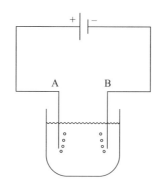

答案 ☐

151.匹配电路与相应的图表。

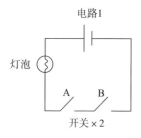

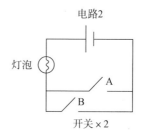

表 1

A	B	灯泡
闭合	闭合	点亮
打开	打开	熄灭
打开	闭合	熄灭
闭合	打开	熄灭

表 2

A	B	灯泡
闭合	闭合	点亮
打开	打开	熄灭
打开	闭合	点亮
闭合	打开	点亮

答案 ☐

152.如果射线会被阻断的话，那么它会在哪一点被阻断?

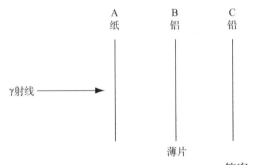

答案

153.如果射线会被阻断的话，那么它会在哪一点被阻断?

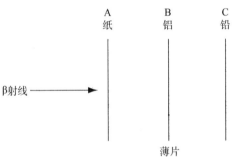

答案

154.如果射线会被阻断的话，那么它会在哪一点被阻断?

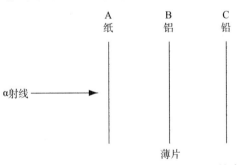

答案

155.选出最佳选项，完成水电站能量转化的描述。

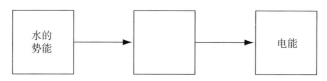

A.输电线路中的能量

B.热和光

C.涡轮机的动能

D.化学能

答案 ☐

156.两个同样的球同时开始下落，哪个球会先着地？

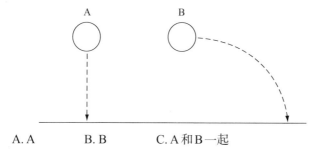

A.A　　　　B.B　　　　C.A和B一起

答案 ☐

157.哪一个轮胎是载重更多的车的轮胎？

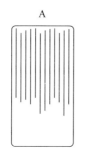

A. A   B. B   C. 无法确定

答案

158. 如果压下活塞，那么哪一点的油受到更大的压力？

A. A   B. B   C. 都一样

答案

159. 哪个跷跷板处于平衡状态？

答案

数据解读

数据解读能力测试正迅速成为最常见的心理测试之一。这类测试在许多职位的招聘过程中发挥了重要作用，例如招聘专业服务、财务、会计实习生。这类测试由一系列数值问题组成，这些数值都与一组数据有关。你的任务是提取适当的数据，展示良好的判断力。如果有必要的话，那么你需要进行相应的计算，以便从选项列表中选择正确的答案。在《如何通过数据解读能力测试》一书中，你可以找到这类问题的更多例子。

第1组数据：网络建设公司

某网络建设公司计划扩大产量，编制了一张图，该图总结了销售收入增长的四种方案。

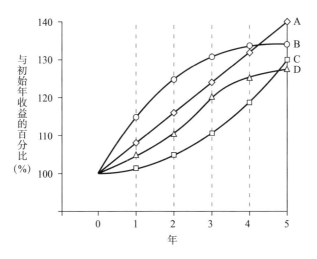

初始年（第0年）收益=2 600万美元。

160.图中详细列出了多少年的数据?

A. 21

B. 6

C. 5

D. 4

答案 ☐

161.方案D中,预测第3年与初始年收益的百分比是多少?

A. 130%

B. 122%

C. 120%

D. 110%

答案 ☐

162.哪种方案最适合下面的数据:第1年3 000万美元,第2年3 250万美元,第3年3 380万美元,第4年3 450万美元,第5年3 470万美元?

A.方案A

B.方案B

C.方案C

D.方案D

答案 ☐

163.哪种方案显示5年内变量(变化)最小?

A.方案A

B.方案B

C.方案C

D.方案D

答案 ☐

164.假设收入继续以相同的幅度增长，那么你希望方案A在第6年实现的收入占第0年收入的百分比会增加多少？

A. 147% ~ 148%

B. 146% ~ 147%

C. 145% ~ 146%

D. 144% ~ 145%

答案 ☐

165.计算方案A第5年的预测收入额？

A. 3 610万美元

B. 3 620万美元

C. 3 630万美元

D. 3 640万美元

答案 ☐

166.以下哪一项有助于实现这一积极计划？

A.增加生产设施

B.降低单价

C.扩大项目规模

D.做好分销

答案 ☐

167.如果按方案D估算第1年和第2年相比第0年收入的增加值，那么下列哪一个估算最准确（假设方案D中，第一年的预测为105%）？

A. 2 800万美元

B. 2 900万美元

C. 3 000万美元

D. 3 100万美元

答案 ☐

168.该网络建设公司的总裁将第5年度的收入目标设定为3 500万美元，那么估测一下，有多少个方案可以实现这个宏伟的目标？

A.任何一个方案都无法实现

B.只有方案A可以实现

C.方案A和方案B可以实现

D.方案A、方案B和方案C可以实现

答案 ☐

169.下列哪种方案最适合下面的数据？

A.第1年2 600万美元，第2年2 700万美元，第3年2 850万美元，第4年3 100万美元，第5年3 400万美元

B.第1年2 850万美元，第2年3 000万美元，第3年3 200万美元，第4年3 400万美元，第5年3 900万美元

C.第1年2 700万美元，第2年2 850万美元，第3年3 000万美元，第4年3 150万美元，第5年3 000万美元

D.无法确定

答案 ☐

第2组数据：邮购公司

下面的流程图是一家美国邮购公司的交付选项和收费政策，请回答以下问题。

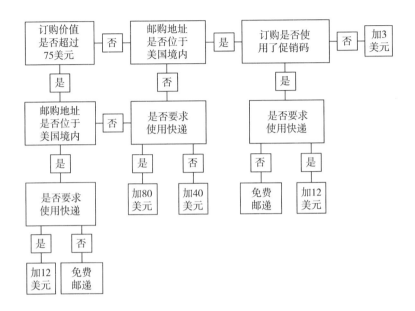

170.如果订单的邮寄地址不在美国，也不需要快递，所购物品价值25美元（没有促销码），那么该订单需要加多少钱？

A. 40美元

B. 65美元

C. 80美元

D. 以上皆不对

答案 ☐

171.假设订单平均价值为75美元。其中，第一个订单需要快递，订单位置是美国地址；第二个订单不需要快递，订单位置非美国地址。那么，第二个订单比第一个订单少多少钱？

A. 68美元

B. 40美元

C. 28美元

D. 12美元

答案 ☐

172.假设一个订单价值70美元，非美国地址，需要快递但没有促销码；另一个订单价值80美元，美国地址，没有促销码，不需要快递。这两个订单相比，第一个订单需要加多少钱？

A. 26美元

B. 40美元

C. 68美元

D. 80美元

答案 ☐

173.以下哪种订单可以选择快递（注意，不止一个正确答案）？

A.美国地址，没有促销码，价值低于75美元

B.价值超过75美元，非美国地址

C.价值低于75美元，非美国地址

D.美国地址，有促销码，价值超过75美元

答案 ☐

174.如果想要免费送货，那么订单必须始终具备哪些条件（请注意，不止一个正确答案）？

A.价值超过75美元

B.使用促销码

C.拒绝使用快递

D.美国地址

答案 ☐

第3组数据：基于经济活动和所在区域的人口分析

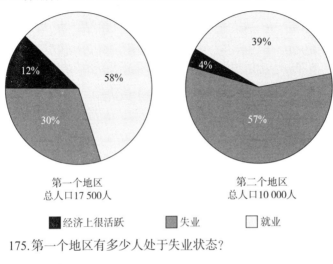

第一个地区
总人口17 500人

第二个地区
总人口10 000人

■ 经济上很活跃　■ 失业　□ 就业

175.第一个地区有多少人处于失业状态?

A. 5 700 人

B. 3 900 人

C. 5 250 人

D. 10 150 人

答案 _____

176.两个地区共有多少人处于失业状态?

A. 14 050 人

B. 14 060 人

C. 14 070 人

D. 14 080 人

答案 _____

177.第一个地区和第二个地区相比,哪个地区失业人口更多?

A.第一个地区

B.第二个地区

C.都一样

答案

178.第一个地区和第二个地区经济上不活跃的人与非经济上不活跃的人（失业或就业的人）的最简比率是多少？

A. 1∶7

B. 3∶11

C. 3∶22

D. 1∶10

答案

179.第二个地区经济不活跃的人占两个区整体上经济不活跃的人总数的百分比是多少？

A. 16%

B. 17%

C. 18%

D. 19%

答案

第4组数据：年轻人对什么最感兴趣，对什么最不感兴趣

给一组年轻人提出四个问题，每个问题都要求他们指出他们最感兴趣和最不感兴趣的方面。所有小组都完成了调查，结果显示在下面两个图中。

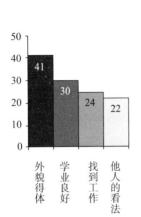 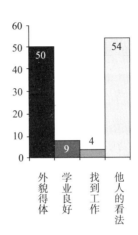

180. 一共有多少年轻人参与了此次调查?

A. 54

B. 97

C. 117

D. 234

答案 　　　

181. 对外貌得体和他人的看法最感兴趣的年轻人比对学业良好感兴趣的年轻人多多少?

A. 33

B. 54

C. 76

D. 95

答案

182.恰好有1/3的年轻人参与了一个问题的调查（例如，他们表示这是他们最感兴趣的话题或者最不感兴趣的话题）。这个问题是哪一个？

A.外貌得体

B.学业良好

C.找到工作

D.他人的看法

答案　　　　　　

183.对找到工作最感兴趣的人比对找到工作最不感兴趣的人多多少？

A.3倍

B.4倍

C.5倍

D.6倍

答案　　　　　　

184.对外貌得体和对其他人的看法最感兴趣人加起来与对学业良好和找到工作更感兴趣的人加起来的比例是多少？

A.9∶7

B.7∶6

C.8∶9

D.6∶5

答案

第5组数据：按地区划分的全球销售额

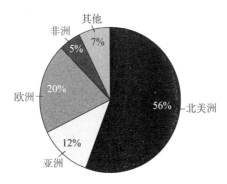

其他包括巴西30%、墨西哥40%、阿根廷20%。

2008年，全球市场价值（实际）为2.6亿美元。2009年，全球市场价值（预计）为5亿美元。

185.欧洲销售额是非洲销售额的多少倍？

A. 4

B. 5

C. 6

D. 7

答案 □

186.美国市场的规模与饼图标有"其他"的部分之间的比例是多少？

A. 6：1

B. 7：1

C. 8：1

D. 9：1

答案 □

187. 2008年，北美洲的销售份额为2.24亿美元，那么这一年的销售总额是多少？

A. 3.8亿美元

B. 4亿美元

C. 4.2亿美元

D. 4.4亿美元

答案 □

188. 2008年，阿根廷的销售额是多少？

A. 362万美元

B. 363万美元

C. 364万美元

D. 365万美元

答案 □

189. 据预测，2009年欧洲市场价值将比2008年缩水700万美元，那么2009年欧洲市场的全球销售额将下降了多大的百分比？

A. 18%

B. 15%

C. 11%

D. 9%

答案 □

第6组数据：招聘机构

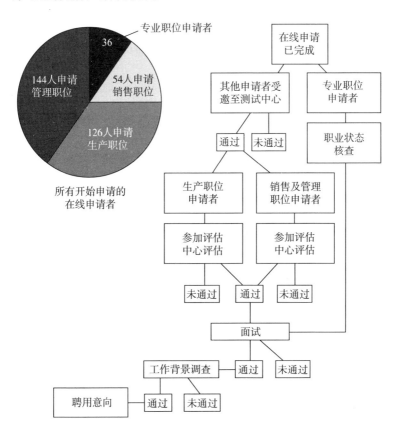

所有开始申请的
在线申请者

注释：

75%的专业服务在线应聘者完成在线申请。

50%的生产、销售和行政职位在线应聘者完成在线申请。

通过招聘程序各个阶段的剩余申请者百分比

	职位申请者		
	生产职位	销售及管理职位	专业职位
通过考试中心考试	71.5%	66%	–
通过工作试用期测试	60%	–	–
通过评估中心评估	–	55%	–
通过面试	75%	50%	33%
通过工作背景调查	60%	70%	80%

190.有多少销售和行政职位申请者受邀请参加考试中心的考试?

A. 198

B. 244

C. 99

D. 54

答案

191.专业职位和销售职位的在线申请数量之比是多少?

A. 4∶6

B. 5∶6

C. 3∶5

D. 4∶5

答案

192.假设没有人在职业状态检查阶段被拒绝,那么有多少专业职位申请者未能通过面试环节?

A. 27

B. 18

C. 9

D. 3

答案　　　　　

193.有多少生产职位申请者通过了工作试用期阶段测试?

A. 27

B. 18

C. 9

D. 3

答案　　　　　

194.在收到聘用意向的求职者中，一半的求职者会接受聘用，并开始工作。如果整个申请过程中有1/18的求职者被录用，那么会有多少人开始工作?

A. 20

B. 15

C. 10

D. 5

答案　　　　　

第7组数据：人口增长

2008年，联合国预计，到2050年，世界人口将增加37%。2008年，美国人口为3.05亿，年增长率为0.88%。预计美国人口将继续增长，到2050将达到4.39亿。2008年，美国人口普查委员会统计发现，18岁以下的人口占总人口的1/4，65岁以上的人口占总人口的

1/8。该委员会还发现，美国80.8%的人口居住在城市中心，人口最多的州是得克萨斯州和加利福尼亚州。预计这些趋势将一直持续，美国28%的人口都将居住在这两个州。

195. 2008年，美国人口普查委员会统计发现，年龄在65岁或65岁以上的美国人有多少？

A. 38 125 000

B. 50 330 000

C. 57 187 000

D. 76 250 000

答案 ☐

196.依据人口普查委员会的发现，有多少美国人住在农村（非城市）地区？

A. 246 440 000

B. 123 220 000

C. 58 560 000

D. 58 650 000

答案 ☐

197.联合国估测的2008年至2050年世界人口增长率与同期美国人口增长率相比如何？

A.美国2008年至2050年的人口增长低于联合国预测的2008年至2050年世界人口增长率

B.美国2008年至2050年的人口增长高于联合国预测的2008年至2050年世界人口增长率

C.37%美国2008年至2050年的人口增长既不高于也不低于联合

国预测的2008年至2050年世界人口增长率，而是相同，即37%

　　D. 无法知晓

答案 ☐

　　198. 预计到2050年，得克萨斯州或加利福尼亚州将有多少居民？

　　A. 85 400 000

　　B. 122 920 000

　　C. 178 400 000

　　D. 无法知晓

答案 ☐

　　199. 如果到2050年，美国18岁以下的人口仍占总人口的1/4，65岁及以上的人口仍占总人口的1/8，那么18岁至64岁之间的美国人有多少？

　　A. 297 178 000

　　B. 274 375 000

　　C. 213 869 000

　　D. 164 625 000

答案 ☐

　　200. 如果2008年联合国估计世界人口为70亿，那么2050年将会有多少人活在地球上？

　　A. 87.5亿

　　B. 91亿

　　C. 93亿

　　D. 95.9亿

答案 ☐

空间认知与视觉评估

下面将进行三种空间认知与视觉评估测试。在第一种类型测试中，你的任务是找出三维形状的平面图。平面图是指从物体正上方看到的形状的视图。在第二种类型测试中，你必须找出已经旋转但与问题中所给形状相同的形状（所有其他形状也都会经过旋转，但会有某种变化）。在第三种类型测试中，如果实例中的两个形状合在一起，那么它们会构成什么形状。除了合并形状外，你不可对形状进行任何其他更改。

第一种类型测试

找出下面五个问题中三维形状的平面图。

201.

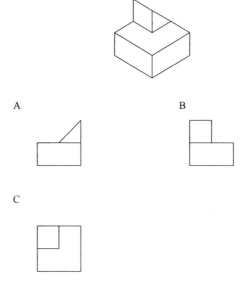

202.

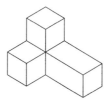

A

B

C

203.

A

B

C

204.

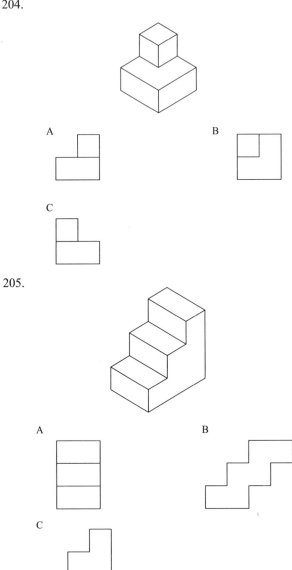

205.

第二种类型测试

找出已旋转但与以下 5 个问题中所给形状相同的形状。

206.

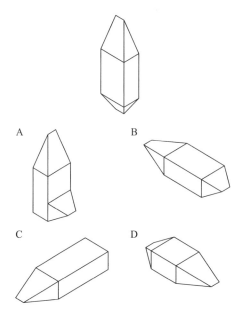

207.

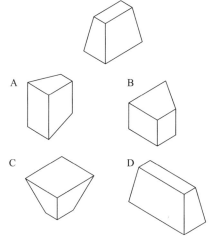

208.

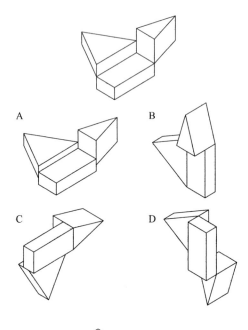

209.

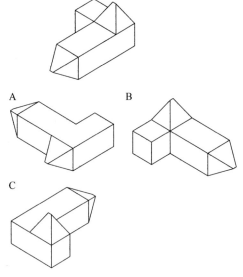

210.

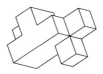

A 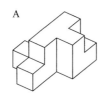 B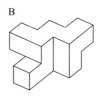

C

第三种类型测试

找出以下5个问题中两个示例形状组合在一起构成的新形状。

211.

A   B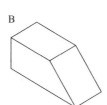

C   D

212.

213.

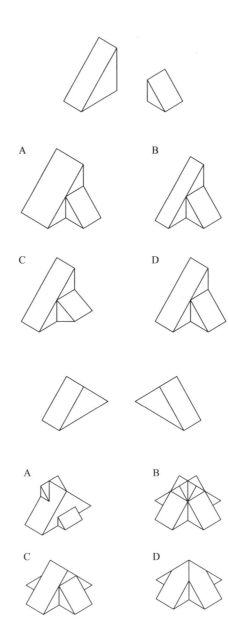

214.

215.

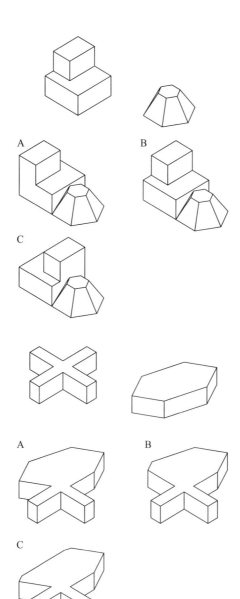

输入类图解测试

这些测试涉及一系列规则，这些规则必须应用于形状、数字或字母序列。如果你正在申请一项技术性工作，那么这些测试会涉及一些"开关"，这些开关允许你对序列进行某些更改。如果你正在申请非技术性职位，那么这些测试可能会涉及一些符号，这些符号会改变构成序列的图形、字母或对象。例如：某个符号可能表示必须将三角形替换为正方形；或者，一个代码可以反转字母，而另一个代码可能表示必须删除或添加某个字母。所有类型的测试都要求你"快速"理解——在经过一系列转换后，序列会发生什么样的变化并确定在应用规则时自己是否发生了错误。如果发生了错误，那么错误发生在哪里。你要认真对待"快速"这个词。许多测试者都抱怨没有足够的时间答题，无法解答这种测试的所有问题。在许多输入类图解推理测试中，得分最高的候选人能够保持答案的准确性，同时其速度足够快，能够比大多数其他候选人尝试回答更多问题。无论你面对哪种类型的测试，下面的练习都会帮助你做好准备。

第1～5题规则

AB 删除最后一个字符。

BC 用字母表里接下来的一个字母替换第三个字母。

CD 在第三个字母和第四个字母之间插入字母P。

DE 将第一个字母和最后一个字母对调。

EF 用字母表中前一个字母替换第二个字母。

FG 用字母表中后一个字母替换第五个字母。

GH 倒置整个字母序列。

HI 删除第三个字母。

Q1. MOZLUCK → AB + FG + GH →（D）

（A）（B）（C）

（A）MOZLUC

（B）MOZLVC

（C）CVLZOM

（D）没有错误

答案

Q2. ULTIMATE → HI + EF + CD →（D）

（A）（B）（C）

（A）ULIMATE

（B）UKIMATE

（C）UKPIMATE

（D）没有错误

答案

Q3. ILLUSTRATE → DE + GH + DE →（D）

↓　　↓　　↓

（A）（B）（C）

（A）ELLUSTRATI

（B）ETARTSULLI

（C）ITARTSULLE

（D）没有错误

答案 ☐

Q4. MEDITERRANEAN → AB + HI + EF → （D）

                      ↓   ↓   ↓

                 （A）（B）（C）

（A）MEDITERRANEA

（B）MEITERRANEA

（C）MDDITERRANEA

（D）没有错误

答案 ☐

Q5. DESTINATION → GH + CD + GH → （D）

                 ↓   ↓   ↓

                （A）（B）（C）

（A）NOITANITSED

（B）NOIPTANITSED

（C）DESTINATPION

（D）没有错误

答案 ☐

第6～10题规则

KL 对调第二个字母和第五个字母。

MN 用字母X替换最后一个字母。

NO 在第六个字母和第七个字母中间插入SA。

PQ 将中间一个字母与最后一个字母互换。

RS 对调第一个字母和第二个字母。

TU 用字母B替换第一个字母。

VW 倒置整个字母序列。

XY 用字母C替换中间一个字母。

Q6. UVEFGKLQ → TU + KL + MN →（D）

（A）（B）（C）

（A）BKEFGKLQ

（B）BGKEFKKLQ

（C）BGKEFKKLX

（D）没有错误

答案 ☐

Q7. XYTHMTCGG → PQ + XY + NO →（D）

↓　　↓　　↓

（A）（B）（C）

（A）XYTHGTCGM

（B）XYTHCTCGM

（C）XYTHLTCSAGM

（D）没有错误

答案 ☐

Q8. NHTEEINPP → RS + VW + KL →（D）

（A）（B）（C）

（A）HNTEEINPP

（B）PPNIEETNH

（C）PINPEETNH

（D）没有错误

答案 ☐

Q9. TSTMTWNAS → PQ + KL + XY →（D）

               ↓   ↓   ↓

              （A）（B）（C）

（A）TSTMSWNAT

（B）TTTMSWNAT

（C）TTTMCWNAT

（D）没有错误

答案 ☐

Q10. MMDIAATIC → RS + MN + VW →（D）

              ↓   ↓   ↓

             （A）（B）（C）

（A）MMDIAATIC

（B）MMDIAATIX

（C）XITAAIDMM

（D）没有错误

答案 ☐

第11 ～ 15题规则

AA 将第三个字母替换为数字3。

CC 将最后一个字母替换为字母表中的前一个字母。

GG　删除序列中的第三个字符

II　　将第五个字母替换为数字 7。

KK　将第一个数字替换为字母 Z。

MM　将第一个字母替换为数字 9。

OO　将第四个字符替换为字母 WR。

Q11. BA2W3KEVQ → AA + KK + OO → (D)

（A）BA33KEVQ

（B）BA23KEVQ

（C）BA2WRKEVQ

（D）没有错误

答案　　□

Q12. 65LMMWE89 → CC + GG + MM → (D)

（A）65LMMWD89

（B）65MMWD89

（C）65M9WD89

（D）没有错误

答案　　□

Q13. BF442B7CR → II + AA + GG → (D)

（A）BF442B7C7

（B）BF44237CR

（C）BF4237CR

（D）没有错误

答案 ☐

Q14. BA97801SP → KK＋OO＋II →（D）

　　　　　　　↓　　↓　　↓

　　　　　（A）（B）（C）

（A）BNZ27801SP

（B）BNZWR801SP

（C）BNZR801SP

（D）没有错误

答案 ☐

Q15. SU$KUK999 → AA＋GG＋MM →（D）

　　　　　　　↓　　↓　　↓

　　　　　（A）（B）（C）

（A）SU$3UK999

（B）SU3UK999

（C）9U3UK999

（D）没有错误

答案 ☐

第16 ～ 20题规则

ZY　将第三个字母改为小写字母。

XW　在第一个字符和第二个字符之间插入 Nr。

VU　将序列中的第二个和第六个字符互换。

TS　将第一个字母改为小写字母。

RQ　将第二个小写字母替换为字母表中的下一个字母。

PO　将序列中的第一个和最后一个字符互换。

NM　将第二个数字替换为大写字母 P。

LK　将第四个小写字母替换为字母表中的下一个字母。

Q16. 2007GMATgatQ → ZY + VU + LK → (D)

（A）（B）（C）

（A）2P07GMATgatQ

（B）2P07GMATgbtQ

（C）QP07GMATgat2

（D）没有错误

答案　☐

Q17. N89jnwwwcom → ZY + VU + LK → (D)

（A）（B）（C）

（A）N89JNwwwcom

（B）Nw9jNwwcom

（C）Nw9jNwxcom

（D）没有错误

答案　☐

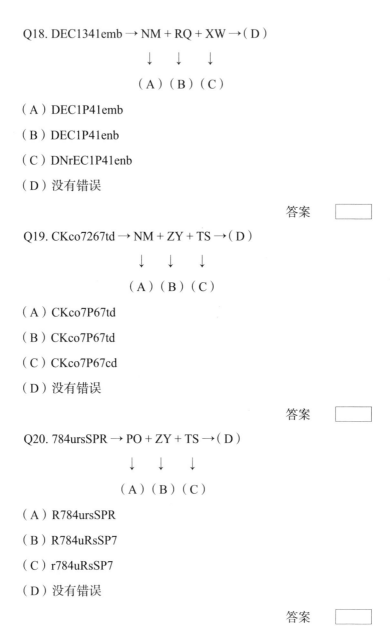

Q18. DEC1341emb → NM + RQ + XW → (D)

     ↓ ↓ ↓

    (A)(B)(C)

(A) DEC1P41emb

(B) DEC1P41enb

(C) DNrEC1P41enb

(D) 没有错误

            答案

Q19. CKco7267td → NM + ZY + TS → (D)

     ↓ ↓ ↓

    (A)(B)(C)

(A) CKco7P67td

(B) CKco7P67td

(C) CKco7P67cd

(D) 没有错误

            答案

Q20. 784ursSPR → PO + ZY + TS → (D)

     ↓ ↓ ↓

    (A)(B)(C)

(A) R784ursSPR

(B) R784uRsSP7

(C) r784uRsSP7

(D) 没有错误

            答案

第 7 章

答案及解析

第3章　情景判断及个性调查问卷

客户服务

1.答案

最恰当的方式	B
最不恰当的方式	C

解析：关于是否应该放下手头的工作去帮助客户，商店可能会对此有规定。但是，在招聘时，商店更喜欢聘用那些更愿意为工作付出的人。据此来看，引导顾客到牛奶摆放区是最恰当的。选项C、D和E均不恰当。将顾客带到客户服务部是最不恰当的做法，因为顾客的问题是在哪里可以找到牛奶，而不是问客户服务部在哪里！

2.答案

最恰当的方式	E
最不恰当的方式	A

解析：零售商的主要业务是销售货品，如果销售人员使用积极的语言，清楚地解决客户的问题，客户就更有可能会购买货品。A选项中，销售人员虽然在开头表达很积极，但后来没有告诉客户在什么时候才能购买该货品，因此最不恰当。E选项中，销售人员回应积极，而且清楚地向客户说明了可以购买该货品的时间，因此最为恰当。

3.答案

最恰当的方式	B
最不恰当的方式	A

解析：不管是谁犯的错误，零售商都希望员工勇于承担责任。因此，B选项最为恰当，因为员工承担了责任去处理问题。选项A是

最不恰当的，因为顾客首先希望解决问题，而这种答复未能解决投诉的问题。

4.答案

最恰当的方式	D
最不恰当的方式	A

解析：当顾客分享个人信息时，你应该表现出恻隐之心，并将其作为谈话中心，所以D选项最为恰当。为了确保以顾客为中心，你不应该把谈话转移到谈论自己或自己的处境上。你要尽量避免对顾客进行过多询问，以免让客户觉得不舒服，而且那样也会占用你过多的时间。

5.答案

最恰当的方式	D
最不恰当的方式	B

解析：耐心是客户服务需要的一个重要品质，因此D选项最恰当。当你为顾客服务时，他们却在打电话，这可能会让你觉得很气恼，但对方可能有十分重要或紧急的事情，所以打断客户是最不恰当的做法。

6.答案

最恰当的方式	C
最不恰当的方式	D

解析：C选项是最恰当的，因为你在说明哪个产品最适合时，可以参考顾客向你提及的一些事情。D选项是最不恰当的，因为你的迫切心情可能会被客户解读为懊恼。

7.答案

最恰当的方式	E
最不恰当的方式	C

解析：许多人都会有焦虑感，特别是在拥挤或嘈杂的地方。帮助顾客最恰当的方式是询问他是否需要帮忙。例如，顾客可能希望你送他离开商店。告诉顾客冷静下来是最不可取的做法。

8.答案

最恰当的方式	B
最不恰当的方式	C

解析：顾客言行粗鲁或有辱骂行为，这当然不好，但以牙还牙的回应方式也不可取。A选项不正确，因为挂断别人电话同样是不礼貌的行为，而D选项也不太恰当，因为你应该在挂断电话之前提醒对方。大声对骂则是最不恰当的回应方式。

9.答案

最恰当的方式	A
最不恰当的方式	B

解析：A选项最恰当，有问题时先道歉总是一种不错的态度，即使是顾客犯了错。B选项最不恰当，因为我们没必要告诉顾客他做错了，这样可能会冒犯他。

10.答案

最恰当的方式	D
最不恰当的方式	E

解析：主管希望员工乐于学习和接受培训。以长途旅行不能接孩子为由来回答是完全合理的，但如果不说因为你必须去接孩子而

"'不能'参加培训"会更好。你可以说："合适的时候能允许我课上离开去接孩子放学吗？"因此，D选项最恰当。

11.答案

最恰当的方式	B
最不恰当的方式	C

解析：对雇主来说，对顾客一视同仁和让顾客知道你很重视他们都很重要。若确实发生上述状况，那么你很难同时做到这两点。最不恰当的是C选项，因为这让老顾客觉得自己受到了批评。A选项和D选项都不合适，因为这样有可能让新老顾客都感觉自己不受重视。B选项是最佳做法，可以确保新老顾客都觉得自己得到了认可。

12.答案

最恰当的方式	E
最不恰当的方式	D

解析：在零售行业，能够辨别购买信号是一项很有价值的技能。对于什么时候可以接近顾客并去尝试销售这件事，D选项是不准备购买商品的最明显的信号，因为如果有人躲避你的眼神接触，那么这个人很可能是不准备购买商品的。A选项和C选项是比较明确的购买信号，而E选项是最明显的购买信号。

与人沟通

13.解析：选择"赞同"表明应聘者适合面对客户的职位，该应聘者是以销售为导向、有上进心的应聘者。

14.解析：选择"赞同"，但不是"非常赞同"，表明应聘者对别人较为敏感。

15.解析：选择"赞同"，表明应聘者对销售不感兴趣，他更喜欢制定战略而不是实施战略。

16.解析：选择"赞同"，表明应聘者适合担任许多现代管理职位；选择"反对"，可能意味着此人在高压工作之下无法与同事搞好关系。

17.解析：除非雇主需要这样的素质，你才可以选择"非常赞同"，否则在与同事和客户打交道时，你很可能会让雇主觉得你不好管理，很可能还要让雇主为你承担连带责任。

18.解析：选择"赞同"，表明应聘者不适合团队合作。

19.解析：对于申请综合型或管理职位的应聘者，答案可能会是"反对"。对于应聘政策制定职位的人来说，雇主可以接受选择"赞同"这一答案。

20.解析：对于这一陈述，答案是"反对"，因为大多数雇主都会认为在工作中固执己见不是一件好事。

21.解析：对于应聘负责政策沟通或人事管理职位的人，答案是"赞同"。

22.解析：选择"赞同"可能让人觉得该员工缺少奉献精神或不能全力以赴为公司的共同目标工作。在选择应聘者时，雇主不太会赞赏这种工作方式。

23.解析：选择"赞同"，表明应聘者知道人际关系、个人性格和人际沟通的重要性。

24.解析：许多雇主都在寻找能够用此方法来激励团队和进行管理的员工。因此，如果你确信公司看重这样的方法，你就应该表示"非常赞同"。

25.解析：这个问题是个小陷阱，或许你会觉得有点意外，但是许多调查问卷都有这样的问题。选择"赞同"，表明你善于自我批评；选择"反对"，可能会让人觉得你没有完全认识到横向思维和创新工作方式的价值。当应聘者在申请某些职位，如战略制定和高级管理职位时，答案可能会是"赞同"。

决策方法

26.解析：如果应聘者申请的是一家具有等级制度的公司中的非管理职位，那么他选择"反对"较为妥当。"强烈反对"这一选择只适合应聘执行职位的应聘者。

27.解析：雇主认为这个问题很重要，他们可能不想雇用回答"反对"的人，因为这样的员工可能无法区分什么是个人观点，什么是公司的最佳利益观点。

28.解析：对于申请专业职位或较有名望的应聘者来说，选择"赞同"较为合适。

29.解析：应聘无人监督的职位，或需要规避风险的职位的人选择"赞同"较为合适。

30.解析：如果应聘重视团队合作的职位，或主要负责制定政策的职位，那么选择"赞同"较为合适。

31.解析：选择"赞同"的人适合应聘财务或分析部门的职位。如果他应聘综合职位，那么他应该选择"反对"。

32.解析：如果应聘者想要申请一个政策或管理型职位，那么他应该选择"反对"。

33.解析：选择"反对"，可能表明应聘者有丰富的商业实战经验；选择"非常赞同"，暗示此人过于谨慎。

34.解析：选择"赞同"，表明应聘者乐意在一个等级分明的组织工作。如果你应聘的恰好是这样一个组织，那么"赞同"是最佳答案。

35.解析：大多数雇主都希望应聘者选择"反对"。有相关经验或专业地位的新员工应该具有可行、有效的观点。

36.解析：选择"赞同"可能给人留下不习惯集体决策和团队合作的印象。

37.解析：有些雇主会喜欢选择"赞同"的候选人，比如在高度竞争的领域；但其他雇主可能会担心这样的候选人个性太强，并且不易融入当前团队。

规划方法

38.解析：选择"赞同"，表明应聘者做事稳健、不爱冒险。这些都是一些雇主非常看重的品质。

39.解析：申请管理职位的候选人应该选择"非常赞同"，还需要简历上的详细工作经验来辅助证明。

40.解析：选择"赞同"，表明应聘者具有敏锐的金融嗅觉；选择"非常赞同"，表明应聘者具有敏锐的风险感知能力，这应该不是一件坏事，不过还要看应聘者想要应聘什么样的工作。

41.解析：选择"赞同"，可以表现出应聘者自信、积极主动、努力敬业和经验丰富，但不能表现出其制定政策和做出规划的能力。

42.解析：对于某些职位而言，事实可能如此，但其他职位可能需要一种折中的处理方法，即速度最快，失误最少。

43.解析：这种说法描述了两种最常见的工作和管理方法。因此，你要选择你喜欢的工作方式，并对这种选择做出相应的说明。

44.解析：综合职位的申请人可能选择"反对"，但销售专家或其他面向客户的职位申请人则可能选择"赞同"，雇主就是想要找这样的应聘者。

45.解析：有些企业制定了高度完善的规章制度和流程，希望员工能够严格遵循。如果你正在申请这样一家公司的职位，你就不要让人觉得你认为这些规定不合理。

46.解析：许多职位都有职责划分不清的现象。尽管存在不确定性，人们还是要做出明智的决定。如果你申请的职位存在职责范围划分不清的状况，那么你要做出合适的选择。

47.解析：大多数雇主都认为许多职位都有一些关键的部分，他们不希望应聘者贬低这些关键部分。

48.解析：如果选择"赞同"，那么应聘者会被理解成工作时不够灵活，不愿意作为团队的一分子去分担集体责任。

49.解析：任务繁重的岗位需要一项关键技能，即授权。许多雇主可能担心，如果在工作高峰期不对员工进行授权，那么员工可能会无法应对。

人资管理

50.解析：选择"赞同"，表明应聘者虽然秉承以销售为导向，但未能充分意识到维持利润和控制成本的必要性。

51.解析：每个雇主都希望在出现严重问题时第一时间了解情况，所以多数人都希望未来的员工能对此表示赞同。

52.解析：雇主可能希望金融、采购或管理职位的人选择"非常赞同"，期待所有员工都选择"赞同"。

53.解析：选择"赞同"，表明此人在与同事和客户打交道时细心敏锐，并且可能成为一名优秀的团队成员。

54.解析：招聘实习经理的雇主希望应聘者赞同此说法，但其他管理风格的从业者可能会反对此说法。

55.解析：用来检测与前一个问题答案的统一性。你可能都赞同，也可能都反对。两种答案可以代表不同的管理风格，你应该尽可能清楚地表明自己喜欢的风格。

56.解析：选择"赞同"，表明无条件以客户为中心，对于申请这样的职位是极为有利的。但如果在工作中人员管理占重要部分，那么雇主也不都希望得到赞同的回应。

57.解析：这是一个有陷阱的表述。选择"非常赞同"，意味着你对广泛运用的目标文化和绩效管理感到失望，这可能会对你的申请起反作用。

自我激励

58.解析：大多数雇主都希望你赞同这一表述。你不要担心承认缺点，毕竟人非圣贤，孰能无过。

59.解析：一个充满自信并且能够认识到个人持续发展很重要的人会赞同这一说法。这会给大多数雇主留下一个非常不错的印象，有助于应聘者求职成功。

60.解析：具有独立思考精神的雇员可能会表示赞同，但要注意不要表现出你可能很难管理或不愿意接受由他人设定标准来衡量你的表现。

61.解析：选择"赞同"，可能表明应聘者期待挑战，乐于通过努力工作实现远大目标。

62.解析：选择"赞同"，表明应聘者对一种授权管理风格和绩效管理策略价值的认可。

63.解析：请注意不要赞同太多以"最重要的……"或"我最在意……"开头的说法，因为这对于你来说或许是非常重要的一点，但对于雇主来说也许可有可无。选择"赞同"，表明你是一个非常有抱负的应聘者，这会让许多雇主感到满意，但并非全部雇主都会感到满意。

64.解析：高薪、最新款的手机或电脑并不能激励所有员工。有些公司的使命是社会性的或利他主义的，这样的雇主可能更愿意雇用对此表示赞同的人。但员工在表示非常赞同时要持谨慎态度，因为有些职位虽然致力于实现一个有价值的目标，但无法让该职位的员工清楚地了解正在实现的目标，所以雇主会担心员工会有不切实际的期望。

65.解析：这正是某些雇主所期待和喜欢的求职者类型。然而，另外一些雇主却可能会因为如此坦率的答复而倍感惊讶。

66.解析：只有当你申请的职位可以为你带来期待时，你才能表示赞同。但在大多数情况下，并非如此，因为雇主可能也会担心他们不能满足应聘者的期待。

67.解析：精英主义意味着公司根据绩效承担责任或选择员工。许多公司都认为自己是精英。

68.解析：选择"赞同"，意味着你会赋予一个职位不同的视角。

你只有在当前职位属于这种情况下才能选择"赞同"，而这也正是雇主想要的。

理想职业的特点

69.解析：这个问题意味着这是一份高压工作，需要一个能够在这种环境中应对自如的人。因此，当你想拥有这样的工作，并能在这样的工作中发展得越来越好时，你才可以表示赞同。

70.解析：并非所有的职位都会有挑战，你需要厘清混乱局面或战胜挑战。大多数雇主想要不断取得成功，或是一直能保持过往的业绩。

71.解析：大多数雇员都认为不分心是一种奢侈，因为在真正的工作场所，让你分心的事情会突如其来、接踵而至，而你仍然需要完成工作。雇主可能担心自己不能确保将分心的因素降至最低，因此可能会拒绝对此观点表示非常赞同的应聘者。

72.解析：一些雇主希望管理者可以身体力行、乐于参与，而有些职位需要某种程度的干预，所以你要确认这类说法是否真实地描述了你自己喜欢的工作风格，以及是否符合职位需要以及雇主的需求。

73.解析：很不幸，这种工作风格确实会在某些领域出现。如果你的工作环境是这样的，你就会赞同这一说法。

74.解析：我们中有许多人确实都会这样，但这样消极的回应很不明智，因为它不会对你的求职申请有任何帮助。

75.解析：前半部分表达没有问题，也是很多雇主非常看重的一点。但是，雇主不能保证事情总是按计划进行，所以雇主会十分关注求职者是否会表示在这种情况下容易感到压力大。

临危心态

76. 解析：很遗憾，这种说法未必总是正确的，因此赞同这一说法的人不太明智。

77. 解析：选择"非常赞同"，可能表明此人对风险非常敏感，这可能不是什么坏事；如果选择"赞同"，那么应聘者敏锐的金融嗅觉会给人留下深刻的印象。

78. 解析：这一观点早已屡见不鲜，但在那些管理严格的公司工作的人仍然有创造的空间，这些领域的雇主可能更期望有一位合适的候选人来提出异议。

79. 解析：在某些行业，成功取决于把握机会或超越竞争；而在其他行业，情况并非如此，因此这样的做法会不受欢迎。

80. 解析：赞同此说法的求职者适合应聘以客户为中心的职位或销售类岗位，但对于综合型职位而言，"赞同"这一回答有些欠妥。

适当反馈

81. D 或 E。解析：雇主希望每个客户都可以获得同样高标准的服务，即使有些客户难以应对。

82. D 或 E。解析：大多数雇主都会认为，在讨论工作时提高音量是不恰当的。

83. D 或 E。解析：说谎是一种不诚实的表现，大多数雇主对此都不认同。即使谎言再小，也并不能改变撒谎的事实。

84. A 或 B。解析：雇主希望随时了解任何影响绩效的情况，通过这些因素来考虑采取什么样的行动，以便改善不良的表现。

85. D或E。解析：选择"赞同"，表明你会预先对他人进行判断，即承认你对某类人存有偏见。如果这种做法在工作中表现出来，那么这是不恰当的。

86. D或E。解析：在工作中，我们需要让雇主、同事和客户保持信息畅通，不管消息是好是坏。如果你不能确定是否应该告诉某人某事，那么你需要向主管询问意见。

87. D或E。解析：如果重要的事情出错了，那么雇主希望可以在第一时间知道。你可以在向雇主报告时提出解决方案。

88. D或E。解析：工作中的每个人都会接到指令，雇主希望员工无论是接受指令或是下达指令都能感到轻松自如。

89. D或E。解析：工作中不能有任何危险。如果你认为有什么危险的事情，那么你需要立即告知主管，并帮忙找到一种完成任务的方法，以避免不必要的风险。

90. D或E。解析：正确的做法是告知让你生气的人。如果这样做不能解决问题，那么你可以告诉主管。如果这样还无法解决问题的话，你就执行公司的申诉程序，这个程序也是雇佣合同的一部分。

91. A或B。解析：发现像欺凌这样严重的事情，你应立即上报，及时制止。

92. D或E。解析：这段文字表明，如果一个笑话没得到同事回应，这个笑话就是不恰当的。

93. D或E。解析：工作应当合理分配，这样一来，无论是男性还是女性都能同样出色完成每项工作。

94. D 或 E。解析：无论所拿东西本身的价值是多少，偷窃都令人无法接受。

95. D 或 E。解析：如果有人没有做好自己的本职工作，那么我们需要找出原因，看看是否可以改正。

96. A 或 B。解析：这种行为可能会平息客户的怒气。

97. D 或 E。解析：如果雇员觉得工作量太大，那么雇主希望可以了解到这一情况。

98. A 或 B。解析：这种行为将被视为良好的团队合作。

99. D 或 E。解析：雇主希望员工在实际工作中灵活应对，帮助处理意外情况。无论如何，大多数工作职位描述都包括最后一句话，即员工应该自愿承担任何其他合理工作。

100. D 或 E。解析：如果事情影响你安全工作，或者对你的表现造成不利影响，那么雇主很可能会对此表示关注。

101. A 或 B。解析：大多数健康和安全条款都会对此做出要求，很可能这也是你雇佣劳动合同的一部分。

102. D 或 E。解析：在工作中争论是不恰当的，除非某件事对你产生了影响，并且雇主也无法接受这件事。

事态感知能力

情景 2 答案

1	2	3	4
C	C	C	A

解析：第 1 种回应不太恰当，因为你以前尝试过，但失败了。第 2 种回应也不太恰当，因为无论业务规模如何，雇主都有责任在你工

作期间关注你的健康、安全和福利待遇，具体包括确保所有通风、温度、照明、厕所、洗涤和休息设施均符合健康、安全和福利要求。公司需要为员工提供可以换衣服和放衣服的地方，留出休息和吃饭的地方，必要时还要为孕妇和哺乳期母亲提供合适的设施。第3种回应认为小企业没有照顾员工的义务，这也是不恰当的，而且法庭也希望你已经正式向雇主提出这个问题。第4种回应是最恰当的，因为你尝试过私下解决问题，但失败了，所以再正式提出问题是恰当的。

情景3答案

1	2	3	4
A	C	C	B

解析：你首先应该尽力私下解决与同事之间的分歧，如果事情长时间没有得到解决，那么你应该让你的主管或经理参与进来，看看他是否能解决。如果这两种办法都无法解决问题，问题还是继续影响你工作，你就应该正式处理这个问题。你可以通过公司的正式申诉程序来申诉，这些程序应该能够在公司手册或者劳动合同的附录中找到。第1种回应是最恰当的，因为它主张员工之间私下解决问题，再寻求正规途径解决。第2种和第3种回应没有遵循建议程序，因此不太恰当。第4种回应虽然可取，但不是最恰当的，因为这种回应没有尝试先与同事私下解决问题，再上报管理层。

情景4答案

1	2	3	4
B	C	C	B

解析：你的雇主会制定相应的制度和程序，将产生压力的风险最小化。当员工因工作压力而生病时，雇主应马上审查该员工的职

位，寻找消除压力和避免生病的方法。如果你写信告诉公司同事自己患上一种与压力有关的疾病，那么他们会主动去看望你，并讨论如何帮你重返工作岗位和避免你再次生病。第 1 种和第 4 种回应让雇主有机会履行他的责任，并调整你的工作量，为你提供一个健康的工作场所，所以这两种应对措施都是可以接受的。第 2 种和第 3 种回应是不太可取的。第 2 种回应不恰当，因为缺少午休或加班不是导致你生病的原因，工作量才是；第 3 种回应不恰当，因为没有寻找解决工作量的办法，工作量才是造成你健康问题的原因。

情景 5 答案

1	2	3	4
B	C	C	A

解析：你可以期待雇主能够倾听别人的痛苦，能够发现造成压力的迹象，并对可能影响健康的问题有所了解；你可以期待雇主制定相应的制度和程序，从而最大限度地降低造成压力的风险，避免导致健康问题，并能够通过调整工作负荷来顾及像丧亲这样的事情。这些期待都很合理。第 1 种回应是恰当的，但要称之为最恰当的回应还需要做更多。第 2 种和第 3 种回应不太可取，因为公司没有保证做出必要的调整，让你再次回到工作岗位。第 4 种回应是最恰当的，因为这样可以减少你的压力。

情景 6 答案

1	2	3	4
B	C	A	C

解析：你的雇主可能正在努力解决法律和业务连续性的问题。此情景中描述的工作环境听起来很难应对，公司高层也会尽力去解决

此难题。就此直接与经理讨论是不合适的，但忍耐同样是不适合的，因为它会影响你的工作，让你不开心。比较恰当的回应要数第1种和第3种，因为这两种回应可以确保管理层了解其他问题，从而可以采取措施解决问题。第3种回应采用了专业方法，具有同理心，因此，这种应对方法最恰当。

情景7答案

1	2	3	4
B	C	B	B

解析：如果有欺凌现象或者其他影响你健康或工作能力的行为，那么好的雇主会做出调整，并加以阻止。没有哪个雇主能够容忍任何形式的欺凌，尤其是不同于本情景所述的类型。如果双方不能私下解决，那么雇主会对任何扰乱纪律的人予以处分。如果雇主没有对这样的人采取行动，那么你可以借助法律让雇主改变做法。第1种、第3种和第4种回应对受影响的个人表示支持，并能够找到解决办法，因此是恰当的。第2种回应中的做法不太可能解决问题，因此不恰当。

情景8答案

1	2	3	4
C	B	C	C

解析：第1种回应是不太可取的，尽管向冒犯者质疑是正确的，但称他人白痴是不对的，所以这种回应是不恰当的。第3种和第4种回应也不太恰当，因为事情虽发生在工作之外，但并不意味着行为准则不适用，或者我们必须要接受不恰当的玩笑。第2种回应对简女士表示支持，因此是恰当的。但第2种回应也可能不是最好的回应方

法，因为它没有质疑冒犯者的行为（应该以非对抗性的方式进行）。

情景9答案

1	2	3	4
C	C	B	A

解析：第1种回应不太可取，因为尽管你可能认为自己获得的指导已经足够了，你可以操作碎压机，但雇主有责任为员工提供足够的培训和指导，以确保员工的安全。第2种回应也是不太恰当的，如果没有适当的指导和培训，那么雇主不应命令你操作设备——不管员工有多少，他都得进行指导。第3种回应是可以接受的，但最恰当的回应是第4种。因为当你拒绝操作机器时，你解释了原因，并提示雇主安排必要的指导，以便你能安全地履行职责。

情景10答案

1	2	3	4
A	C	C	B

解析：第1种回应是最好的解决办法，鉴于你已经尝试过私下解决问题并失败了，而你的经理是下一个接手问题的最佳人选。他很可能让大家不再继续讨论这个问题，并建议保罗必须停止讨论。第2种回应不太可能成功，因为这种方法已经尝试过并且已经失败了，所以这种方法不太恰当。第3种回应没有去寻求解决问题的方法，你可能会避开这个问题，但你的同事就得去处理这个问题。第4种回应是可以接受的，因为与人力资源部的人联系是合理的。但是，如果你一开始就将问题交给经理，然后仅在这个经理无法解决问题时再与人力资源部的人联系，那么这样会更好。

情景11答案

1	2	3	4
C	C	A	C

解析：个人问题（包括家庭问题和情感问题）有时的确会影响工作。即使你尽可能地将私人生活与工作分开，个人问题也会不可避免地很严重，而且问题常常一个接一个地出现。在此情况下，你别无选择，只能将困难告知主管，并要求他为你提供切实可行的环境。第1种、第2种和第4种回应都不太可取，因为没有承认个人问题确实影响了工作。第3种回应承认了个人问题对工作的影响，并寻求办法解决问题，因此最恰当。

情景12答案

1	2	3	4
C	B	B	C

解析：第1种回应会让这个人独自留在大楼里，因此不太可取。第2种和第3种回应是可以接受的（但均不是最恰当的回应），因为任何违反安全的潜在行为都要避免。第4种回应意味着违反安全的潜在行为被忽略了，因此不可取。

情景13答案

1	2	3	4
C	C	C	A

解析：第1种回应不可取，因为你会将员工的个人信息透露给同事。第2种回应也不可取，因为我们不适合在团体会议上与个人讨论像体味这样的问题。第3种回应不可取，因为其他人也注意到了体味，这意味着你不能再忽视这种情况了。第4种回应以保密的适当方

式解决了问题，因此是最恰当的回应。

情景14答案

1	2	3	4
C	A	B	C

解析：第1种回应不可取，因为暴力威胁是一个严重问题，不应当被忽视。第2种回应可以确保事情按照正当程序处理，因此最恰当。第3种回应可以确保事情得到有效处理，因此是一种可取的回应方式。第4种回应没有管理层的支持，让受到威胁的人自行解决问题是不合理的，因此也不恰当。

情景15答案

1	2	3	4
B	C	C	A

解析：第1种回应是可以接受的，但可能会导致情况更加严重，因此不是最恰当的。第2种和第3种回应都是不可取的，因为没有进一步阻止人们恶语相向。第4种回应是最恰当的，因为可以阻止工作场合的不当行为。

情景16答案

1	2	3	4
A	C	C	C

解析：盗窃是一个严重的问题，一旦发生，第1种回应就是最恰当的。第2种和第4种回应没有对此给予充分的重视，因此不可取。第3种回应也不可取，因为你可能没有权力搜查其他员工的个人物品或财产，最好交由警方处理。

情景17答案

1	2	3	4
B	C	A	C

解析：第1种回应对团队成员的职位给出了清晰的说明，并请他来多说明一些情况，因此是可取的。第2种和第4种回应是不可取的，因为这两种做法没有为员工提供支持，也不能让员工期待从经理那里获得帮助。第3种回应是最恰当的，因为你向员工询问了看法，看看怎样才能有所帮助，并且提出了用不同的方式去管理事务。

情景18答案

1	2	3	4
A	C	C	C

解析：第1种回应提供了适应个人差异的组织方式，因此是最恰当的。第2种回应不可取，因为机会均等的意思是，我们可以做好安排，以便她能够适应差异。第3种和第4种回应都将残疾视为问题、困扰，因此均不可行。

情景19答案

1	2	3	4
C	B	A	C

解析：由于性别而对个人产生的歧视，需要极其小心地处理，以确保公平（绝大多数情况下都不太公平）。第1种和第4种回应没有对此类严重事项进行澄清或给出意见，因此不可取。第2种回应在到做出决定之前，参考书面文件和程序来寻求指导，因此是可取的。第3种回应采取了向专家咨询建议的办法，因此最为恰当。

情景 20 答案

1	2	3	4
A	C	C	B

解析：大多数组织都有明确的书面程序来应对媒体。不参照公司公共程序去处理记者的请求，可能会超出你的权限，因此第2种和第3种回应是不可取的。第1种回应是最恰当的，因为既找到了合理的处理程序，又可以获得记者的电话号码，以便确认他们的身份。第4种回应是可取的，因为遵循了正确的程序。

情景 21 答案

1	2	3	4
A	B	C	C

解析：第1种回应优先考虑团队建设，可以确保你和团队成员相互了解，因此最为恰当。第2种回应不太强调团队建设，所以不太可取。第3种和第4种回应没有强调建立新团队的必要性，因此均不可取。

情景 22 答案

1	2	3	4
C	A	C	C

解析：如果你对自己的职位感到不满，那么你应尽可能让主管注意到这一点，这样他就有机会改变这种状况。你不应该等到年度总结时才这样做，也不该一直忽略自己对职位的消极感受。

第4章 言语推理

词语接龙

1. B, E。 2. A, D。 3. B, F。 4. C, D。 5. C, D。 6. B, E。 7. C, F。 8. A, F。 9. C, D。 10. A, E。 11. B, D。 12. C, E。 13. B, F。 14. C, E。 15. C, D。

词语接龙——同义词

16. B。 17. C。 18. A。 19. C。 20. A。 21. C。 22. C。 23. B。 24. A。 25. C。 26. B。 27. B。 28. A。 29. C。 30. A。 31. B。 32. A。 33. C。 34. B。

词语接龙——反义词

35. C。 36. A。 37. B。 38. A。 39. B。 40. C。 41. C。 42. A。 43. B。 44. B。 45. D。 46. B。 47. C。 48. C。 49. A。 50. B。 51. A。 52. C。 53. D。 54. B。 55. A。 56. A。 57. B。 58. C。 59. B。 60. A。 61. B。 62. C。 63. A。 64. B。 65. A。 66. C。 67. B。 68. C。 69. B。 70. C。 71. C。 72. A。 73. B。

寻找新词

74. tour。 75. idle。 76. teem。 77. only。 78. arid。 79. gene。 80. rely。 81. arch。 82. tilt。 83. urge。 84. earl或hove。 85. onto。 86. rich 或chum。 87. near。 88. dial。 89. duty。 90. sale。 91. seed。 92. term。 93. note。 94. calm。 95. chap。 96. real。 97. tale。 98. tear。 99. flag。 100. cult。 101. same。 102. meal。 103. push。 104. only。 105. hope。 106. bane。 107. last。 108. must。 109. zero。 110. race。 111. malt。 112. ally。 113. skin。 114. tone。 115. deaf。 116. palm或opal。 117. oust。 118. lame或nine。 119. etch。 120. gasp。 121. lush。 122. best。 123. that

或 hath。124. sour。

交换词语位置

125. yourself 和 someone。126. to 和 is。127. money 和 squabbles。
128. American 和 generation。129. result 和 work。130. as 和 steady。
131. city 和 café。132. a 和 each。133. a 和 the。134. from 和 on。
135. challenging 和 successful。136. employees 和 leaders。137. developed
和 diverse。138. organization 和 organization's。139. inflation 和
expansion。140. supplied 和 powered。141. human 和 unfashionable。
142. bar 和 suit。143. bull 和 financial。144. inflation 和 growth。145. treaty
和 change。146. 57 000 和 150 000。147. route 和 signs。148. and 和 out。
149. America 和 Mexico。150. China 和 India。151. Manufacturing 和
outsourcing。

句子顺序

152. C，A，B。153. B，A，C。154. C，A，B。155. C，D，B，A。
156. B，C，A，D。157. D，B，A，C。158. B，C，D，A。159. A，C，D，
B。160. C，B，D，A。161. C，A，B，D。162. C，A，D，B。163. B，
F，D，A，E，C。164. B，A，D，C。165. C，A，B，D。166. B，D，A，
C。167. D，C，B，A。168. D，C，B，A。169. D，B，A，C。170. D，
B，C，A。171. C，B，A，D。172. B，C，D，A。173. A，C，B。
174. B，C，D，A。175. C，A，D，B。176. D，A，C，B。

选择最佳词语完成句子

177. compensation。178. performing 和 level。179. track 和 with。180. failing 和 meeting。181. The 和 promotional。182. at 和 compromise。183. renewed 和 in。184. rallied 和 from。185. in 和 slowing。186. in 和 margins。187. to 和 responding。188. comparatively 和 if。189. strategy, form 和 from。190. growth spurt 和 convertible。191. on, actuarial 和 insurance。192. media, nor 和 commercial。193. Cautious, akin 和 positions。194. unable, contraction 和 decline。195. is, growth 和 rates。196. Measures, extremely 和 remaining。

英文用法

197. A1 和 B1。解析：saw 是过去时，sitting 是一种连续性动作。

198. C。解析：介词定义一种关系。例如：在 "The girl is in the shop."（这个女孩在商店）中，in 是介词；在 "The book was written by her."（这本书是由她写的）中，by 是介词。

199. A2 和 B1。解析：had 表明句子为过去时，所以使用 couldn't 和 forgotten。can't 是现在时。

200. C。解析：这些形容词用于描述一组相似事物最强或最弱，比如 "My house is the smallest, your house is the largest."（我的房子最小，你的房子最大）。

201. A1。解析：A1 正确，因为说话者当时正在集中注意力。

202. broken。解析：过去分词通常以 en 或 ed 结尾，它们是在句子中充当动词的形容词。

203. A1 和 B2。解析：我和我哥哥去了那家医院，因此 the 用于特指那家医院。第一句不需要加the，因为在此情况下，医院为一般概念。

204. A2 和 B2。

205. A3 和 B3。解析："昨晚"表明动词需要用过去时，而山姆在公园里的这一行动则需要用现在分词。

206. ideas。解析：名词用来表示事物、地点、类别或人物。

207. B。解析：表示钱的数量用单数，因此用was。

208. B。解析：形容词的比较级允许在两个相似事物之间进行比较，比如"Your train was later than mine."（你的火车比我的火车来得晚）和"I drove further than you."（我比你开得远）。

209. A1 和 B1。解析：这里用so表示强调，用as表示比较。

210. A2 和 B2。解析：in用于人和地方。最高级的形式通常是most或est，例如nicest和most beautiful；但far是一个例外，它的最高级为furthest。

211. A4 和 B1。解析：must用于表明后面的事情是真实的。

212. cleaning。解析：该动词描述了一个动作。

213. A2 和 B1。解析：像like这样的动词放在宾语前面，此题中位于动物前。"I like very much"这一表达将动词与宾语分开，因此是错误的。

214. A2 和 B2。解析：当某些事物发生变化时，我们用no longer或any longer来表达，规则是no longer位于句中，any longer位于句尾。

215. A1 和 B3。解析：都是过去时。A2错误，因为have watched用于描述现在的状况。例如，"I have watched a lot of television."（我看电视看太多了）。

216. A2和B1。解析：我们用in spite of或despite，而不用despite of。

217. A1。解析：此处用there指地点，而their指人或其所有物。在while之后用现在时表示将来，所以不用will。

218. A3，B1和C2。解析：句子中用notes，从参考答案来看，必须有两个notes。a ten pound note是单数，所以pound是正确的。工作时长是three，所以用所有格的复数形式（hours）来表示。

219. A1和B1。解析：当一个动作持续进行时，用until；但当事情发生时，用by。

220. A1，B2和C2。解析：at用于表示一天中的具体时间，on用于表示一周中具体到天的时间，in用于表示一年中具体到月的时间。

221. A3和B2。解析：道歉的动作已经完成，所以用过去时；但当描述一个动作正在持续时，用现在分词（making）。

222. A2和B1。解析：表示人时用's，表示物时常用of the结构。

223. A1，B2，C1和D3。解析：我们常用on表示乘坐飞机，用by表示骑自行车，用in表示驾驶汽车，用at表示参加派对。

选出正确的句子或单词

224. B。解析：B项表达模糊，因为没有说明是向一个人还是两个人打招呼，因为两个职位可以同时由一个人担任。

225. A和B。解析："really carefully"（十分小心）是正确的，但说"the police officer was both unimpressed"是错误的。

226. A3和B1。解析：我们常说"a friend of yours"或"your friend and a friend of mine"。

227. A和B。解析：单数时用was，复数时用were。在两人之间分享用between，在两个以上的人之间分享用among。

228. A2和B1。解析：当描述一个正在持续中的过去的动作时，用现在分词（going），但smelling的动作已经完成，所以用过去时。

229. A1和B2。解析：一般来说，我们在一个国家用in，而在海滩上用on。

230. slow。解析：形容词可以对名词进行补充说明。

231. A1。解析：them用来说明哪些人是左撇子，也用来指代两个或两个以上的人或物。

232. A3和B3。解析：too意味着高于期望，enough意味着已足够所需。

233. A3和B2。解析：我们坐在公共汽车上用on，但表示在某物后面则用at。

234. "I am doing"（我正在做……）。解析：句子的这一部分给出了时间，即现在，并且是持续的。

235. A3，B3和C3。解析：我们常说get/arrived/travel etc.to a place，但不说to home。比如go home和on the way home等等。

236. A1，B1和C2。解析：我们常说in my car，by bus，by car，by cheque，in cash。

237. 4个：beautiful，young，blue，green。解析：形容词补充细节，因此beautiful和young增加了关于题目中女人的细节描述，blue和green增加了对其衣着的细节描写。

238. A和B。解析：两个句子都错用了unique的意思，其含义为一类事物中的唯一一个，不与其他类似。

239. A2和B3。解析：so和such用于强调。so与形容词同用，such

与名词同用。

240. A4。解析：形容词（例如 long 和 red）通常按大小、颜色的顺序排列。如果对一个事物的一系列形容已经完成，那么这些词需要用 and 连接，例如 a long red and white coat。

241. A1 和 B3。解析：who 引出从句，说明彼得住在哪里。which 和 what 指代物，who 和 whom 指代人。用 which 而不用 what，因为句中指代的是已经提到的事物。

242. F。解析：my 和 ours 是代词所有格，其余的都是反身代词，但只有 themselves 是复数。

243. A2，B2 和 C1。解析：each 和 every 通常可以互换，但这里指的是某些特定比赛中的球队，而不是每一支橄榄球队。此外，当描述某事发生的频率时，用 every。

244. A2 和 B3。解析：much 和 little 用于描述不确定的数量；much 是正确的，因为 but 暗示句意与 little 相反；few 用于主语是复数的情况。

245. A2 和 B2。解析：some 用于肯定句中，而 any 用于否定句中。

246. A4 和 B3。解析：当我们第一次介绍某物时，用 there's 表示；之后再提到，则用 it。there's 是 there is 的缩写。主语是人的时候用 their，主语是地方的时候用 there。

阅读短文，判断正误

短文 1

247. C。解析：如果没有颜色，那么世界将会怎样，文中没有对此做出评论。

248. A。解析：文中说白光是所有波长的光的混合。

249. B。解析：文中没有这种说法。

250. A。解析：根据文章逻辑可知，这一说法是正确的。

251. A。解析：根据文章可推断出此说法正确。

短文2

252. A。解析：1797年至1815年共18年。

253. A。解析：文中称拿破仑是法国皇帝，他征服了欧洲大部分大陆。

254. C。解析：文中说法国军队是最强大的，但不能因此推断出法国军队也是最壮大的。

255. C。解析：文中提到法国曾与这些国家交战，但并没有说明法国是否赢得了所有战争的胜利。

256. B。解析：文中没有提及这场战争的日期。

短文3

257. B。解析：文中表明，从传统意义上讲，这种说法是正确的，但如今的医学还与预防有关。

258. B。解析：文中描述了几个世纪前遗留下来的具有开创意义的治疗手段与技术。

259. A。解析：这一点原文有所表述。

260. C。解析：文中并未表明作者的观点。

261. A。解析：文中介绍了医生使用的多种治疗方法，并给出了一些技术（手术）和科技（如放射和疫苗）的例子。

短文4

262. A。解析：文中说明亚洲是文明的发祥地。

263. C。解析：关于这一说法，文中没有提供任何相关信息。

264. A。解析：文中说亚洲人口占世界人口的2/3以上。

265. C。解析：文中说第一批崛起的经济体包括日本、新加坡和韩国，但没有说哪个经济体是第一个崛起的。

266. A。解析：文中称亚洲是世界上最大的大陆，因此可以推断出该说法正确。

短文5

267. B。解析：文中表明气候会变冷，而不是天气。

268. A。解析：文中举例说明了气候变化的原因和机制。

269. A。解析：文中说热带气候区终年炎热。

270. C。解析：文中没有提供关于该说法的信息，因此无法从文中做出合理推断。

271. A。解析：文中表明北极终年严寒，极地地区是唯一一个终年严寒的气候区。

短文6

272. B。解析：文中描述了什么是更微小的粒子。

273. B。解析：文中说物质不是元素就是化合物。

274. C。解析：文中描述了分子是结合在一起的原子，但只说明了原子是由键结合在一起的，但分子是怎样结合在一起没有给出说明。

275. A。解析：见原文说明。

276. A。解析：文中说一切物质都是由原子组成的，包括分子，而原子是由这些更小的粒子组成的。

短文7

277. C。解析：文中没有细节提到哪种诈骗类型排在首位。

278. C。解析：文中没有详细介绍新措施。

279. B。解析：文中说新措施尚未出台。

280. B。解析：信用卡总诈骗金额已达 5 亿英镑，其中绝大部分诈骗都是因信用卡被截而导致的，但并非全部。

281. A。解析：仔细阅读文章就会清楚地得出答案。

短文 8

282. A。解析：可以很容易从文中推断出这个答案。

283. A。解析：文中详细介绍了获救人员和伤亡状况，以及造成环境问题和救护服务延误等方面的成本。

284. C。解析：文中没有告知驾驶员的态度。

285. A。解析：文中称减速带扰乱了交通。

286. B。解析：文中并未说明此说法是正确的，只是批评者称此为事实。

短文 9

287. B。解析：这 1 000 人死于医院获得性感染。

288. C。解析：关于 20 世纪 50 年代如何处理抗生素耐药性细菌，文章没有就给出任何信息。

289. B。解析：自 20 世纪 50 年代以后，这种感染在疗养院和医院有了先例。

290. A。解析：文中用此词来描述葡萄球菌。

291. C。解析：文中没有提及有关这些状况的相对严重性。

短文 10

292. C。解析：文中没有说明行政人员是否需要向政府表达他们的担忧。

293. A。解析：文中称这种普遍的欺诈现象会让人难以信任选举过程，但目前这种现象并不常见。

294. A。解析：文中指出，选举系统最近的调整让人们更加担心会发生欺诈现象。因此，这一论断的正确性可以从文章中推断出来。

295. A。解析：文中指出，人们在做审核工作，但新系统可能没有给人们预留足够的时间来完成此项工作。

296. B。解析：作者未给出明确观点。

短文11

297. C。解析：文中没有给出石油价格最高记录的细节，而只给出了石油价格波动区间和当前价格。

298. B。解析：目前最高产的油田能够以此价格开采石油，新技术将以更加经济的手段开采更多的石油，但没有说明使用新技术开采石油的价格。

299. A。解析：虽然文中没有明确说明这一点，但我们在阅读文章后可以得出这种推测是合理的。

300. B。解析：关于这一点，文中没有明确说明。

301. A。解析：这些结果被描述为"出乎意料"，会改善人们对石油储量和经济型开采石油量的预测，因此可以推断分析人士对这些发现感到震惊。

短文12

302. A。解析：虽然文中也提到了记者，但这并不影响这一说法的真实性。

303. B。解析：文中称律师只需上报其对洗钱的怀疑。

304. A。解析：文中描述了所有职业都有例外，包括记者，在法庭的命令下，他们也不太可能违反职业准则。

305. C。解析：文中只谈到四种职业，所以不知道所有职业是否都有这种职业规范。

306. B。解析：文中只说明他们必须报告这些伤害，没说可以起诉他们。

短文13

307. A。解析：8万起诈骗案由福利官员查出，4.4万起诈骗案由地方当局查出。

308. B。解析：文中表明新的诈骗总额创10年来新低，所以10年前的水平一定更低。

309. B。解析：住房福利也分配给低收入者。

310. A。解析：文中将虚假索赔的下降称为惊人的。

311. A。解析：文中指出减少了5亿英镑相当于下降了25%，因此12个月前的诈骗金额达到了20亿英镑。

短文14

312. A。解析：这种增长不会发生在发达国家的某些地区，所以文中发问，房价会一直上涨这种假定是否现实。

313. C。解析：文中只详细介绍了美国、西班牙、爱尔兰和英国的中产阶级人士的观点。我们无法得知其他国家中产阶级的观点，因此无法推断出这一信息。

314. B。解析：房屋所有权将变得不那么有吸引力，因此我们更可能看到更多人租房，而不是更少有人租房。

315. B。解析：文中说房价几乎已经翻了一番。

316. A。解析：这是对此文合理的总结。

短文15

317. B。解析：人口减少的过程成为一股涓涓细流，所以此状态会一直持续。

318. B。解析：一半以上的新工作岗位是公共任命的。

319. C。解析：文中没有提供更多信息，我们无法推断出该地区经济的相对状况。

320. A。解析：补贴在吸引就业和投资方面发挥了重要作用。

321. A。解析：低廉的生活成本和住房成本吸引了就业，随着其他城市的生活成本越来越高，利物浦越来越受欢迎。

第5章　数字推理

核心运算

心　算

1. 3。2. 7。3. 6。4. 77。5. 6。6. 9。7. 12。8. 144。9. 8。10. 4。11. 84。12. 3。13. 5。14. 11。15. 4。16. 33。17. 7。18. 90。19. 11。20. 5。21. 6。22. 9。23. 10。24. 33。25. 4。26. 5。27. 11。28. 7。29. 42。30. 9。31. 25。32. 11。33. 8。34. 108。35. 11。36. 8。37. 7。38. 20。39. 8。40. 4。41. 6。42. 4。43. 6。44. 8。45. 4。46. 18。47. 11。48. 9。49. 8。50. 32。51. 6。52. 9。53. 64。54. 11。55. 7。56. 30。57. 9。58. 11。59. 48。60. 9。61. 7。62. 36。63. 12。64. 3。65. 1，2，3，6，9，18。66. 1，3，9，27。67. 1，11。68. 1，2，11，22。69. 1，2，3，4，6，9，12，18，36。70. 6。71. 8。72. 2。73. 1，2，3，4，5，6，10，12，15，20，30，60。74. 4。75. 1，2，3，6，7，14，21，42。

76. 2。77. 1，2，4，8，16。78. 10。79. 1，2，3，4，6，8，12，24。 80. 6。81. 4。82. 4。83. 4。84. 7。85. 3。86. 1 270。87. 163。88. 3.76。 89. 90 600。90. 0.024。91. 9.6。92. 0.015 02。93. 3 002。94. 0.007。95. 3。 96. 18 400。97. 3。98. 210 000。99. 800。100. 180 000。

百分比

化分数为百分比

101. 20%。102. 25%。103. 11.1%。104. 8.3%。105. 12.5%。106. 6.25%。107. 66.6%。108. 60%。109. 37.5%。110. 62.5%。111. 66.6%。 112. 75%。113. 80%。114. 20%。115. 37.5%。116. 40%。117. 18.75%。 118. 75%。119. 31.25%。

小数与百分比之间的换算

120. 50%。121. 20%。122. 60%。123. 0.25。124. 40%。125. 0.9。 126. 35%。127. 0.05。128. 72%。129. 0.024。130. 42.5%。131. 160%。 132. 33.3%。133. 1.2。134. 0.005。

用百分比表示数值

135. 60%。136. 25%。137. 40%。138. 11.1%。139. 15%。140. 25%。 141. 30%。142. 40%。143. 83.5%。144. 80%。145. 16.7%。146. 33.3%。 147. 0.25%。148. 110%。149. 18.75%。

数量百分比

150. 10 英镑。151. 1 小时 15 分钟。152. 4 米。153. 25 便士。154. 11 米。155. 12 分钟。156. 43.20 英镑。157. 27 分钟 30 秒。158. 31.5 米。 159. 9.18 英镑。160. 45 厘米。161. 7 小时 12 分钟。162. 30 米。163. 271.25 英镑。164. 2 小时 9 分钟 36 秒。

增长百分比

165. 50%。166. 20%。167. 40%。168. 12.5%。169. 60%。170. 25%。

数量及其单位换算

171. 6.4千米。172. 8.75。173. 28澳元。174. 105盎司。175. 175常衡盎司。176. 25澳元。177. 3 750米。178. 6个。179. 13根。180. 127毫米。181. 3月13日。182. 17.6磅。183. 30澳元。184. 1 202.3码。185. 7 020米。186. 2.1品脱。187. 2 186码。188. 20千米/分钟。189. 101.6。190. 15千米。191. 10.5澳元。192. 11.2千米。

兑　换

193. 5东加勒比元。194. 4东加勒比元。195. 8元超级现金。196. 5元超级现金。197. 4元超级现金。198. 5元超级现金。199. 50元超级现金。200. 5东加勒比元。201. 0.25东加勒比元。202. 15东加勒比元。203. 6.5东加勒比元。204. 8东加勒比元。205. 5东加勒比元。206. 6东加勒比元。207. 12东加勒比元。208. 4东加勒比元。209. 11东加勒比元。210. 6东加勒比元。

序　列

211. 12。解析：数列中相邻数字依次加5。

212. 34。解析：数列中相邻数字依次减8。

213. 1。解析：每空用前一个数乘6。

214. 35。解析：每空在前一个数的基础上加5。

215. 27。解析：每空用前一个数除以3。

216. 37.5。解析：每空用前一个数乘2。

217. 11。解析：每空依次减4。

218. 27。解析：每空用前一个数乘 3。

219. 522。解析：每空用前一个数加 87。

220. 67.5。解析：每空用前一个数除以 3。

221. 25。解析：每空将前两个值相加，空白处为 9+16=25。

222. 159。解析：每空用前一个数加 17。

223. 251。解析：每空用前一个数减 26。

224. 100。解析：每空用前一个数除以 2.5。

225. 70。解析：每空用前一个数加 14。

226. 0.5。解析：前两个数的和等于后一个数，空白处为 2.5-2=0.5。

227. 1 504。解析：每空用前一个数加 101。

228. 1。解析：每空用前一个数除以 10。

229. -13。解析：每空用前一个数减 71。

230. 60。解析：每空将前两个数相加，空白处为 21+39=60。

231. 4。解析：每空用前一个数乘 0.4。

232. -56。解析：每空用前一个数减 22。

233. 12.5。解析：每空用前一个数乘 5。

234. 31。解析：每空用前两个数相加，空白处为 8+23=31。

235. 71。解析：这是个小陷阱——从开头的 107 开始，每空加 34。数列中呈现的数字会有一定的迷惑性，实际应为 107，141，175，209，但呈现出来为 10，71，41，17，52，09。

236. 18。解析：每空用前两个数相乘，空白处为 3×6=18。

237. 60。解析：每空用前一个数乘 1.5。

238. 999。解析：每空用前一个数加 333。

239. 173。解析：每空用前两个数相加，空白处为 81+92=173。

240. 62。解析：从开头的198开始，每空减12。

241. 3。解析：每空用前两个数相乘，空白处为3×1=3。

242. 0.48。解析：每空用前一个数乘0.2。

243. 17。解析：从91开始，每空加29，并将数列91，120，149，178，207以91，12，01，49，178，207呈现。

244. 25。解析：数列的前6个数为整数平方数（数字乘以自身），5×5=25。

245. 13。解析：数列为前8个质数（因数只有1及其本身）。

246. 80。解析：从800开始，每空减20，并将数列800，780，760，740以80，07，80，76，07，40呈现。

247. 15：20。

248. 4。解析：将前两项相乘得下一个数，空白处为8÷2=4。

249. 108。解析：每空用前一个数乘6，空白处为6×18=108。

250. 53。解析：数列的前6项为整数平方值，排列为1，4，9，16，25，36。本题具有一定的迷惑性。

251. 51。解析：从开头的155开始，每空加15，排列具有一定的迷惑性。

252. 99。解析：将前两个数相加，空白处为41+58=99。

253. 192。解析：将前两个数相乘，空白处为8×24=192。

254. 49。解析：每空用前一个数除以7。

255. 49。解析：数列以6×6=36，7×7=49开始。

256. 1。解析：该数列为12的整数因数。

257. 117。解析：每空用前一个数加13。

258. 3。解析：每空为前一个数的平方根。

259. 32。解析：$2 \times 2 \times 2 \times 2 \times 2=32$。

260. 49。解析：将前两个数相加得下一个数，空白处为11+38=49。

261. 4：8。

262. 3。解析：该数列为15的整数因数。

263. 1 000。解析：数列是$6^3 \sim 10^3$区间内整数的立方，空白处为$10 \times 10 \times 10=1\,000$。

264. 12。解析：每空用前一个数乘4，空白处为$3 \times 4=12$。

265. 112。解析：每空用前一个数加14。

266. 283。解析：从开头的22开始，呈现偶数数列，本题具有一定的迷惑性。

267. 81。解析：$3^4=3 \times 3 \times 3 \times 3=81$。

268. 0.1。解析：每空用前一个数乘0.2。

269. 29。解析：将前两个数相加。

270. 100。解析：数列区间为$12^2 \sim 8^2$，空白处为$10^2=10 \times 10=100$。

271. 7。解析：该数列为14的整数因数，空白处为$7 \times 2=14$。

272. 256。解析：每空用前两个数相乘，空白处为$8 \times 32=256$。

273. 256。解析：$4^4=4 \times 4 \times 4 \times 4=256$。

274. 108。解析：每空用前一个数除以3。

275. 123。解析：从开头的19开始，呈现奇数数列，本题具有一定的迷惑性。

276. 0.25。解析：$3 \div 12=0.25$。

277. 025。解析：以5为首项，按5的倍数的顺序排列，本题具有一定的迷惑性。

278. 4。解析：该数列为16的整数因数，空白处为$4 \times 4=16$。

279. 80。解析：每空用前一个数除以4。

280. 125。解析：空白处为5^3，$5 \times 5 \times 5 = 125$。

281. 64。解析：每空用前一个数加8。

282. 0.2。解析：数列为整数1～10的倒数，除去除不尽的数，即$1 \div 2 = 0.5$，$1 \div 4 = 0.25$，$1 \div 5 = 0.2$，$1 \div 8 = 0.125$，$1 \div 10 = 0.1$。

283. 3。解析：数列为18的整数因数，空白处为$3 \times 6 = 18$。

284. 121。解析：这是以3开头的3的倍数排列而成的数列，本题具有一定的迷惑性。

285. 11。解析：此为19～7区间内素数的递减数列。

数量问题

286. D。解析：$55 \times 5 = 275$便士，$110 \times 2 = 220$便士，$275 + 220 = 495$便士$= 4.95$英镑。

287. B。解析：$1.20 \times 6 = 7.20$英镑。

288. C。解析：$30 \times 60 = 1\ 800$页。

289. B。解析：$40 \times 6 = 240$英镑，$240 \times 12 = 2\ 880$英镑。

290. A。解析：$12 \times 18 = 216$英镑，$216 - 200 = 16$英镑。

291. C。解析：$200 \times 15 = 3\ 000$千克。

292. A。解析：$15 \times 75 = 1\ 125$便士$= 11.25$英镑。

293. B。解析：每盒巧克力重300克（$2\ 700 \div 9$），$300 \times 4 = 1\ 200$克$= 1.2$千克。

294. D。解析：$2\ 000 \div 8 \times 9 = 2\ 250$升。

295. A。解析：$75 \div 300 = 0.025$英镑，$26 \div 1\ 000 = 0.026$英镑。

296. C。解析：记得把鞋子的单位换成双，192只鞋子$= 96$双，$96 \div 8 = 12$个。

297. C。解析：40×15=600升。

298. A。解析：1.8÷50×70=2.52英镑。

299. D。解析：132÷6=22个，22×4=88个。

300. C。解析：6 000÷30×5=1 000袋。

301. D。解析：9英镑/季度相当于3英镑/月，所以每月话费为11英镑（14-3），11×12=132英镑。

302. B。解析：250 000÷1 000×0.7×12=2 100英镑。

303. D。解析：5.2×35=182英镑，5.2×1.5=7.8英镑（每小时加班费），7.8×5=39英镑，182+39=221英镑。

304. A。解析：18×16=288英镑，288+29=317英镑。

305. B。解析：60÷5=12，1.20×12=14.40英镑（60天以上的天然气成本），固定费用为0.09×60=5.40英镑，14.40+5.40=19.80英镑。

306. B。解析：30÷500=6%。

307. D。解析：52÷80=65%。

308. C。解析：18÷60=30%。

309. D。解析：4.32÷7.2=60%。

310. C。解析：9.68÷88=11%。

311. D。解析：487.50÷640=75%。

312. A。解析：120÷4 000=3%。

313. C。解析：63÷420=15%。

314. D。解析：126÷6 300=2%。

315. B。解析：7.5×4=30英镑。

316. C。解析：3小时=180分钟，180×15%=27分钟。

317. D。解析：6×12.5=75克。

318. A。解析：400×9%=36米。

319. C。解析：2 400×2.5%=60升，2 400+60=2 460升。

320. B。解析：14×40%=5.6英里/时，14+5.6=19.6英里/时。

321. C。解析：620×3%=18.6英镑。

322. C。解析：3 350×20%=710转，3 550-710=2 840转。

323. A。解析：4小时30分钟=270分钟，270×（1-5%）=256.5分钟=4小时16分30秒。

324. C。解析：3 605÷（1+3%）=3 500人。

325. A。解析：7 000×（1+8%）=7 560英镑。

326. B。解析：4 300×4%=172人，4 300-172=4 128人。

327. B。解析：30 000×8%=2 400票，30 000+2 400=32 400票。

328. D。解析：22 000×18%=3 960票，22 000-3 960=18 040票。

329. B。解析：552÷（1-8%）=600英镑。

330. A。解析：3÷（1-2%）≈3.06米=306厘米。

331. A。解析：300÷（1+25%）=240米。

332. B。解析：6.75÷（1+8%）=6.25英镑。

333. C。解析：第1年的价值为6 000×（1-12%）=5 380英镑，第2年的价值为5 380×（1-12%）=4 646.40英镑。

334. D。解析：第1年为18 000×（1+5%）=18 900人，第2年为18 900×（1+5%）=19 845人。

335. C。解析：在原时间的基础上快了8秒，原始时间为8+12=20秒，所以求8占20的百分比为40%。

336. A。解析：1 100-800=300英镑，300÷800=37.5%。

337. D。解析：（8 000-6 000）÷8 000=25%。

338. C。解析：25×8%=25英镑，25+2=27英镑。

339. B。解析：120 000×4%=4 800英镑，120 000+4 800=124 800英镑。

340. A。解析：15×12−150=30便士，30÷150=20%。

341. C。解析：每100克60便士=6英磅/千克，（6−3）÷3=100%。

342. D。解析：20×2.5=50英镑，50−42=8英镑，8÷50=16%。

343. D。解析：500 000−515 000=15 000英镑，15 000÷500 000=3%。

344. D。120−10=110便士，110÷10=1 100%。

第6章 非言语推理、机械知识理解及数据解读

共同特征

1. A。解析：所示图形和A都含有一个点。

2. B。解析：三个所示图形都是多边形（四边形）。B是梯形，也是四边形。

3. A。解析：题目中的形状都有偶数个面（立体图形只算平面），圆柱体有2个面，正方体有6个面，金字塔有4个面。只有A有偶数个面（10个）。

4. C。解析：题目中所有形状都是由等边三角形（三条边相等的三角形）构成的，只有C图形有此性质。

5. A。解析：这些图形称为网格，其中有一些经折叠能够组成一个实体。上述所有图形通过折叠都可以组成一个立方体，只有选项A符合。

6. C。解析：题目中所有图形都有一些点，点的总数都是3的倍

数，分别是9，3，6。图形C有12个点，是选项中唯一一个总点数为3的倍数的图形。

7. B。解析：题中所给3个图形中的点数都是奇数，分别是3，5，5。只有选项B中的点是奇数。

8. A。解析：题中所给形状都有一条从左上到右下的分割线，只有图形A有此特点。

9. A。解析：题中两个图形都包含3个三角形，只有A有此特点。

10. C。解析：题中所给图形中，外部箭头指向逆时针方向，而内部箭头都指向顺时针方向，只有选项C有此特点。

11. B。解析：题中所给两个图形有一个共同的特点，即上面的点数减去下面的点数等于3，只有B具有这种特点。

12. C。解析：题中所给两个图形都被分成5个三角形，选项C也是如此。

13. B。解析：题中第一个图形为16个正方形，其中4个正方形有阴影（1/4）；题中第二个图形为12个正方形，其中3个正方形有阴影（1/4）。选项B的正方形中也是1/4有阴影。

14. B。解析：题中所给图形都只有一个有阴影的圆，只有选项B含一个带阴影的圆。

15. C。解析：题中所给图形都是由11个图形组成的，选项C也是如此。

16. B。解析：题中所给两个图形的开头和末尾都有带阴影的圆形，选项B也是如此。

17. B。解析：题中所给的两个图形包括两个水平面和三个或更多垂直面。选项B是唯一一个垂直面比水平面更多的选项。

18. A。解析：题中所给两个图形中的总点数均为质数。选项 A 中的点数为 7，也是质数。

19. C。解析：题中所给图形内角和为 180°，选项 C 中两角加起来也是 180°。

20. B。解析：题中所给两个图形包括两个三角形，选项 B 同样包含两个三角形。

21. A。解析：题中所给两个图形都包含 24 条边，选项 A 也包含 24 条边。

22. A。解析：题中所给两个图形都是旋转对称的（旋转后看起来一样），只有选项 A 有此特点。

23. B。解析：所示图形都有一个一致的横截面（横截面用于计算其体积），选项 B 的横截面是一致的。

24. A。解析：题中所给两个图形的总点数均为 6，选项 A 也是如此。

25. C。解析：题中所给两个图形是有联系的，第二个图形是以 2 倍的比例对第一个图形进行了放大。选项 C 如果用同样的比例放大，那么将与给出的小三角形相同。

26. A。解析：题中所给两个图形都有一条对称轴。选项 A 具有这种性质，N 没有对称轴，而 H 有两条对称轴。

27. C。解析：题中所给两个图形中的一半图形有阴影，选项 C 也是如此。

28. A。解析：题中所给两个图形中的条形图的值均为 16，选项 A 饼状图中的值也为 16。

29. B。解析：将题中所给两个图形上面点数的值除以下面点数的值结果是2，选项B符合这一特点。

30. A。解析：题中所给两个图形均没有对称轴，J没有对称轴，H有两条对称轴，O有无数条对称轴。

找出图形，补全系列

31. A。解析：圆内的火柴沿逆时针旋转。

32. C。解析：小圆向下运动，而圆内的线向上运动。

33. A。解析：箭头的方向交替排列，每一步会增加2个点。

34. A。解析：每个图案是由两个直角三角形和三个等边三角形组成的随机图案。每个图形又有两个三角形有阴影，其中可以是两个直角三角形、两个等边三角形或两者各一个。所给图形中，一个是有两个等边三角形阴影，另一个有一个直角三角形阴影和一个等边三角形阴影，因此下一步带阴影的是两个直角三角形。

35. C。解析：阴影部分逆时针方向旋转，同时顺次遮住其他部分中的图形。

36. A。解析：阴影部分正方形及其他图形都沿顺时针方向旋转。

37. B。解析：在该序列中，三角形变为正方形，然后再变回三角形，而且每一步箭头都变成相反方向。

38. A。解析：每一步三角形的数量都增加两个。阴影从左边圆形开始，并穿过整个图形，每一步依次只能经过一个圆形。

39. C。解析：圆的数量依次增加一个，阴影部分为圆总数的一半。

40. A。解析：每一步正方形都会向下移动一行，同时每移动一次，数量减少一个。三角形一直都为阴影部分，左侧整列每隔一步为阴影部分。

41. C。解析：图形的总边数从 9 开始，每次增加 3。

42. A。解析：首先正方形变成三角形，然后箭头变成菱形，最后圆形变成十字形。

43. C。解析：圆形的数量从 3 变为 2，1，再变回 3，同时在正方形内向下移动。三条波浪线在正方形内向上移动。

44. B。解析：L 形绕着方框顺时针旋转，每移动一步，就有一个圆变成一个三角形，而且阴影部分在圆和三角形之间交替变化。

45. B。解析：阴影正方形的数量从 5 个开始，每次增加 5 个。

46. C。解析：每一步图形都会增加一个新特征，而且三角形先变成正方形，再变成圆，再变回三角形。

47. C。解析：阴影圆形和十字的数量每移动一步减少一个，而圆形排列的方向和十字的位置是交替的。

48. B。解析：图形由圆形和正方形交替转换成半圆和三角形。圆形和正方形排在左侧，半圆和三角形排在右侧。

49. B。解析：三角形数目由 7，14，7，14 交替排列，组成随机的图案。

50. A。解析：图形的总边数从 4 开始，每次增加 2。

51. C。解析：箭头数量按平方数顺序排列，从 4，9，16，25（2×2、3×3、4×4、5×5）开始。

52. A。解析：正方形的数量从 4 开始递减，同时从方框顶部到底部交替变化；圆的数量每次增加一个，同时位置也交替变化。

53. B。解析：圆的分割顺序遵循 BOMAS 规则，6÷2×2+2=8。BOMAS 规则指运算的顺序：括号、除法、乘法、加法、减法。

54. A。解析：L 形在方框内沿逆时针方向旋转；正方形和三角形按照先在左后在右的顺序交替排列；波浪线位置保持不变。

55. B。解析：第二个图形是第一个的镜像或反射，所以第三个镜像必须是第四个镜像的原图形，即B。

56. A。解析：阴影方形和无阴影方形交替排列，数量从9开始，每次增加3。此序列中，阴影部分有9个，无阴影部分有12个；阴影部分有15个，无阴影部分有18个。

57. C。解析：图形的边数每次增加1，从9开始，依次为10，11，12。

58. B。解析：正方形的数量按质数2，3，5，7排列。

59. B。解析：图形每移动一次，就会有一个正方形变成两个三角形且沿着方框向下移动，而且每一步都减少一条波浪线。

60. C。解析：内环沿逆时针旋转，每移动一次有两个图形随之移动，外环沿顺时针旋转；图形按照从正方形、菱形、圆形、三角形再到正方形的顺序变化。

61. B。解析：图形上面部分的点数从6，5，4，3开始倒数，而下面部分的点数从0，1，2，3开始正数。

62. B。解析：时钟指针指向的顺序为2，3，4，6（12的因数，不包括1和12）。

63. B。解析：每一步图形都会旋转，且后一个图形是前一个的反射。

64. A。解析：阴影正方形的数量每次减少一个，且阴影正方形在方框内沿逆时针方向旋转。

65. B。解析：菱形和正方形交替呈现，且沿顺时针方向旋转。

66. C。解析：图形依次旋转360°，180°，90°。

67. B。解析：序列中的图形每一步旋转1/4圈，然后显示其反射图形。

68. A。解析：图形依次显示十字形、三角形、圆形和正方形，这些形状在半圆形内沿顺时针旋转，不会被另外半圆覆盖。

69. C。解析：阴影正方形的位置是6，5，4，3的倍数之和，最大为30，即在序列的第一步中，第6、第12、第18和第24个位置为阴影正方形。在下一步中，第5、第10、第15、第20、第25和第30个位置为阴影正方形。

70. C。解析：图形每次旋转90°，且后一个图形为前一个图形旋转后的倒影。

71. B。解析：图形在六边形和正方形之间交替变化，三角形的数量为7的倍数，即0，7，14，21。

72. B。解析：序列沿着从上部分到下部分的顺序从3开始，在0~6的区间内排列，因此顺序为3，4，5，6，0，1，2，3。

73. A。解析：两条竖线在方框内从左到右平移，较小的圆向下运动，而较大的圆内的直线向上运动。

74. B。解析：阴影正方形的位置代表7，8，9，10的倍数，最大到30°，在选项B中，第7、第14、第21和第28个位置为阴影正方形；在第二步中，第8、第16和第24个位置为阴影正方形；在第三步中，第9、第18和第27个位置为阴影正方形。

75. A。解析：在序列中，一个圆形代表+1，一个菱形代表–1，正方形是全部图形值相加的总和，因此排列为4–2+2–3+3–2=2，即两个正方形。

76. B。解析：3个阴影正方形绕着4个相邻的正方形沿顺时针方向移动。

77. C。解析：直线和圆显示的次数为1、2或3次，同时图中还会出现正方形、菱形或三角形。

78. B。解析：每个三角形代表+1，每个正方形代表−1，圆形数量为全部图形值相加的总和，所以此序列按照（4−2+3−1）÷2=2，即两个圆。

79. B。解析：阴影正方形从左到右在网格中沿对角线斜向移动。

80. C。解析：图形的底部会有1、2或3条直线。"手臂"的末端要么是三角形，要么是正方形，再或是圆形，交替出现。"手臂"开口方向上下交替。图形底部有三条直线，"手臂"开口朝上，末端是圆形，这一图形符合此序列规律。

完成横行或纵行的系列图形

81. C。解析：每一行由三种图形组成，第三行缺少正方形。

82. B。解析：每列、每行都由三种图形组成（只有圆形带有阴影）。

83. C。解析：每列、每行都由三种图形组成，三种图形交替带有阴影。

84. A。解析：每列的前两个图形组成该列的第三个图形。

85. B。解析：每列、每行都包含一个不带阴影圆形和两个带不同阴影的圆形。

86. A。解析：每列中的第三个图形是第一个图形减去第二个图形。第1列中4个正方形减去1个正方形等于3个正方形，第3列中1个正方形减去1个正方形等于0个正方形。

87. C。解析：每行都由三个相同的图形组成，其中一个图形有一个点，还有一个图形有一条斜线。

88. C。解析：每列中间的线的数量除以第一行的线的数量得出第三行线的数量。

89. C。解析：第三个图形包含了每行前两个图形中的直线。

90. A。解析：每列每个图形有三种形式，即阴影、大和小，穿过图形的线条尺寸不变。

91. C。解析：每行前两个图形所有细节组合在一起得出第三个图形。

92. B。解析：在每一行中，直线依次减少1条。

93. B。解析：将每列前两个图形组合在一起，删除重复部分，得到第三个图形。

94. A。解析：圆形+正方形=正方形，正方形+圆形=正方形，圆形+圆形=正方形，正方形+正方形=圆形，得到的答案是正方形+圆形=正方形，圆形+圆形=正方形。

95. C。解析：在每一行中，每个图形都在旋转。从左侧"9点钟"方向的图形开始，并与另外两个图连在一起，这一图形然后旋转到"12点钟"方向，最后旋转到"6点钟"方向。

96. B。解析：将每列前两个图形组合在一起，删除重复部分，得到新图形。

97. C。解析：需要结合完整的两行推测出序列顺序：一个三角形＋一个正方形=一个三角形，一个正方形＋一个三角形=一个三角形，一个正方形＋一个正方形=一个正方形，一个三角形＋一个三角形=一个正方形。

98. A。解析：观察每列，L形在第一列按逆时针方向旋转，在第

二、三列按顺时针方向旋转。

99. A。解析：观察每列，将前面两个图形进行组合得到第三个图形，删除重复的部分。

100. A。解析：观察每行，需要从完整的两行中得出结论：○+×=×，×+○=×，×+×=○，○+○=○。

机械知识理解

101. B。解析：视线高于测量刻度和被测物体的标记可能是最精准的测量方法。

102. A和B。解析：收音机产生热量（热能）和声波（动能），其中热量为声波的副产品，收音机使用电能但不产生电能。

103. B、C和D。解析：烟火中的化学物质会转化为热量、光和声音，即热能、电磁能和动能。

104. 冰。解析：冰中分子间作用力更强，这样才能形成特定的形状。

105. A。解析：球体在给定体积条件下表面积最小。

106. B。解析：水和玻璃间的附着力在狭管中更大，因此水位上升最高。

107～108. B和A。解析：汞的弯液面是凸面的，而水的弯液面是向下弯曲的。

109. B。解析：铁棒受热膨胀，会带着开口销离开两块物体。

110. 冬天。解析：夏天电线会膨胀，变松弛。如果这是在夏天绘出的，那么冬天来临时，电线会遇冷收缩而断裂。

111. A。解析：玻璃烧杯越厚越容易破裂，因为玻璃的内部会膨胀而外部不会。

112. B。解析：黄铜遇热比铁要膨胀得多，因此会变得比铁长，所以该金属条向下弯曲。

113. A。解析：水的特别之处在于其在4℃时密度最大，而大多数其他液体受热时均匀膨胀。

114. B。解析：空气冷却收缩，一部分水会上升进入管内，这会使烧杯中的水位下降。

115～116. A和F。解析：一旦开关闭合，电路连通，灯就会亮，加热元件会变热。双金属片受热从接触点弯曲，电路将被切断。

117. D。解析：玻义尔定律将气体运动的公式描述为：压力 × 体积＝常数。

118. 铜。解析：玻璃是热的不良导体，金属是热的良导体，铜比铁的传导性更好。

119. B。解析：在这三种液体中，水银的沸点最高，酒精的沸点最低。

120. B。解析：空气会从气温较低的海洋流向温暖的陆地，因此旗杆上的旗子向陆地一侧飘扬。

121. A。解析：闪亮的锡罐会反射掉大部分来自太阳的热量，而哑光黑漆锡罐则会吸收掉大部分太阳的热量。

122. B。解析：在北半球，太阳能电池板朝南，工作效率最高。

123. C。解析：已知北方，由此可以推导出其他方向。

124. C。解析：水的融化潜热为每千克34万焦耳，即在温度不变的情况下，将1千克冰化成水的所需的热量。

125. B。解析：矿泉水中的矿物盐降低了水的熔点，因此温度要低于0℃。

126. C。解析：配重带来的压力会融化掉细金属丝下面的冰。同时，细金属丝向下移动，但细金属丝上方的水会再次结冰。因此，当细金属丝慢慢穿过时，冰块保持不变。

127. C和D。解析：盐等杂质会使水的沸点上升，因此水会停止沸腾。水温会继续升高，然后水再次沸腾。

128. B。解析：在海平面上，水的沸点为100℃。海拔越高，压强越低，水的沸点就越低。

129. B。解析：重量是由于地球的引力而使物体产生的重力。此效应在两极更为明显，因此物体的重量在两级会稍稍加重。

130. B。解析：在三角形中，其中一条边弯曲另外两条边也会受到同样的拉伸或压力，从而使结构会更坚固。

131. C最小，B最大。

132. 底部。解析：压力随水的深度加深而增大。

133. C。解析：压力作用于各个方向，但物体底部的压力大于顶部（这会产生一种向上的力）。

134. A是汽油，B是冰。解析：冰比汽油密度大，因此冰会沉到汽油下面。

135. A。解析：在雨天，大气压通常较低。

136. B。解析：当两个物体接触时，摩擦力在它们之间产生作用，阻碍运动。

137. D。解析：两个物体只有相接触才会产生摩擦力，其他列出的所有力都可以在一定距离内发生作用。

138. 4和5之间。解析：车辆在1和2之间加速较快，在2和3之间加速较慢，在 3 和 4 之间急剧减速，在 4 和 5 之间以恒定速度行驶。

139. D。解析：三个选项都处于平衡状态，因为都没有运动。

140. B。解析：重心是形状保持平衡的点，它看起来就像是物体整个质量发生作用的点。

141. C 和 F。解析：化学能转化为动能（移动子弹和声音）、热能和光能。

142. 放大力量。解析：大齿轮 A 转一圈，小齿轮转两圈，因此力越大，转速相对越慢。

143. C。解析：C 表示距离随时间增加而增加，即加速，B 为恒速，A 表示物体静止。

144. 无法确定。解析：机器 2 具有更多机械优势，因为移动重物所需的力约为机器 1 的一半。但我们不知道哪个力最小，因为我们不知道重物的相对重量。

145. D。解析：轮齿之间方向交替变化。5 齿的齿轮每秒 60 转，因此 10 齿的齿轮每秒 30 转。

146. C。解析：此形状一侧为凹面，另一侧为凸面。

147. A 和 C。解析：同极相斥，异极相吸。

148. C。解析：这 7 种颜色是红、橙、黄、绿、青、蓝和紫。

149. A。解析：不完整的图标显示有 4 安培的电流流出，因此选项里必须有 4 安培。

150. B。解析：电极和电流会引起电解，会将水分子分解为氢和氧。水的化学式为 H_2O，所以每有一个氧原子，就会有两个氢原子，因此其产生的氢气是氧气的两倍。经验表明，负极（阴极）产生氢气。

151. 电路 1 和表 1，电路 2 和表 2。解析：在电路 1 中，当 A 和 B

都闭合时，灯会亮起；在电路2中，当A或B任意一个闭合时，灯就会亮。

152.任何点都不会被阻断。解析：γ 射线是高能量射线。一层薄铅纸虽然可以将其减弱，但并不能完全阻断 γ 射线。

153. B。解析：β 粒子带负电荷，运动速度快，可以穿过布、纸等物体，但无法穿过一些高密度物质，比如铝。

154. A。解析：α 粒子带正电荷，体积相对较大且运动较慢，其无法穿过大多数物质，包括纸张。

155. C。解析：水力发电的能源依赖于水驱动涡轮机，再由发电机将其转换为电能。

156. C。解析：球的向下加速度相同，B球的水平加速度不影响向下运动，因此二者会同时落地。

157. C。解析：如果轮胎充气后压力相同，那么B的负荷较重。但如果无此信息，我们就无法做出判断。

158. C。解析：压力在整个液体中相同。

159. A。解析：根据重量 × 距离，A项两边是相等的，其他选项中均不相等。

数据解读
第1组数据：网络建设公司

160. B。解析：列出了6年的数据（收益数据和预测数据），即第0年的实际收益和第1~5年的预测收益。

161. C。解析：我们可以直接从图中读出该数据。

162. B。解析：要回到这个问题，我们需要在大脑中把这些数字想象成一条曲线，将这条曲线与4种方案进行比较（要么计算方案中某特定年份的部分收益，看哪一个与这些数字最贴切），这些数字间的差异十分明显。增长率明显放缓，第一年和第二年间的增长最大（250万美元）。综合这些特点，我们就可以选出方案B。

163. D。解析：变化最小的方案可以直接从图中看出。该曲线显示出最小的升降幅度，从第1年的105%到第5年的125%。

164. A。解析：延长该线并估计其到第6年的数值，要么计算其每年的增长（始终保持在7%～8%），并将该值与其第5年增长的百分比相加。

165. D。解析：2 600万美元的140%为3 640万美元。

166. A。解析：仅选项A与产出规模直接相关。降低单价可能会带来销售增长，但不会带来更大产量。扩大项目规模并不会提高产量。做好分销可以提高组织效率，但不会增加产量。

167. C。解析：2 600万×105%×110%=3 003万，四舍五入为3 000万。

168. B。解析：方案A在第5年会产生3 640万美元（2 600万×140%）的收益。下一个预测值最高的方案是B，即使粗略估计，也将达到3 480万美元（2 600万×134%）。

169. A。解析：因为已知第0年的收益，所以最贴合数据的方案可以确定。通过尝试求出答案。例如，先用最简便的方式计算出第5年的数据。方案A=2 600万×140%=3 640万，所以可以排除方案A，方案C=2 600万×130%=3 380万，接下来进一步考虑方案C，最终可以得出选项A最适合。

第2组数据：邮购公司

170. A。解析：根据流程图，答案为选项A。

171. C。解析：快递邮寄地址为美国的75美元以上的订单每笔增加12美元，而快递邮寄地址不是美国且不要求快递的75美元以上的订单每笔增加40美元，差价为28美元。

172. D。解析：非美国订单每笔加80美元，而符合美国免费送货条件的订单不增加任何费用，差额为80美元。

173. B、C和D。解析：按照流程图，沿着不同的路线，我们就可以了解到，没有促销码的美国邮寄地址且75美元以下的订单不可选择快递配送服务。

174. C和D。解析：只有邮寄地址为美国且不要求快递配送的订单，才能提供免费配送。选项A和B不正确，因为有促销码的75美元以下的订单符合条件，75美元以上没有促销码的订单也可能符合条件。

第3组数据：基于经济活动和所在区域的人口分析

175. C。解析：17 500×30%=5 250。

176. A。解析：17 500×58%=10 150，10 000×39%=3 900，10 150+3 900=14 050。

177. B。解析：17 500×30%=5 250，10 000×57%=5 700，所以第二个地区的失业人口更多。

178. D。解析：求出17 500的12%和10 000的4%之和，即2 100+400=2 500，加上两个地区27 500的总人口，减去经济不活跃的总数2 500，得25 000。我们需要将2 500：25 000的比值化为最简，即1：10。

179. A。解析：经过计算，得出17 500的12%为2 100，10 000的4%为400，400÷2 500=16%。

第 4 组数据：年轻人对什么最感兴趣，对什么最不感兴趣

180. C。解析：每个年轻人回答两次问题，一次回答他们最感兴趣的问题，一次回答他们最不感兴趣的问题。因此，两幅图中均给出了回答的总数，由此我们可以看出被调查者的数量。

181. A。解析：将 41 个回应外貌得体的人同 22 个回应他人的看法的人相加，共 63 人。从 63 人中减去 30 个对学业良好最感兴趣的人，得出 33 人。

182. B。解析：共有 117 名年轻人参与此次调查，其 1/3 为 39 人，即 39 人回应了学业良好这一话题（30 人表示这是他们最感兴趣的问题，9 人表明这是他们最不感兴趣的问题）。

183. D。解析：有 24 名年轻人表示他们最感兴趣的是找到工作，有 4 个人对找到工作最不感兴趣，比例是 24 : 4，简化为 6 : 1。

184. B。解析：有 63 个年轻人表示他们最感兴趣的是外貌得体或别人对自己的看法，有 54 个人表示最感兴趣的是学业良好或找到工作，此比例为 63 : 54，可以简化为 7 : 6。

第 5 组数据：按地区划分的全球销售额

185. A。解析：欧洲的销售额占全球市场的 20%，而非洲的销售额占全球市场的 5%，20 ÷ 5=4，因此欧洲市场的销售额是非洲市场销售额的 4 倍。

186. C。解析：求出 56 : 7 的最简比得到 8 : 1。

187. B。解析：美国市场的份额是 56%；求整个市场的价值，2.24 亿 ÷ 56%=4 亿美元。

188. C。解析：2008 年，全球市场价值为 2.6 亿美元，阿根廷占全球市场其他份额中的 20%。2.6 亿 × 7%=1 820 万，1 820 万 × 20%=364 万。

189. D。解析：首先求出2.6亿美元（2008年欧洲市场价值）的20%为5 200万美元；然后求出2009年的欧洲市场价值，即5 200万－700万=4 500万；现在求出4 500万美元是5亿美元（预测2009年的全球市场价值）的百分之几，即9%。

第6组数据：招聘机构

190. C。解析：求出144与54的和，得出销售职位和行政职位申请人的总数，再求出总数的50%，得到99。

191. A。解析：将36：54化为最简，即4：6。

192. B。解析：36名专业职位申请者已经开始网上申请流程，其中27人（36人中的75%）完成申请，有33%通过了申请，其余67%未通过，27人的67%为18人。

193. D。解析：126名申请者开始网上申请流程，其中63人（126人的50%）完成了申请，44人（63人的71.5%）通过了考试中心测试，27人（45人的60%）通过了工作试用期阶段。

194. C。解析：查证得出，开始网上申请的在线求职者总人数为360，用360除以18得20，再除以2（见题目开头）得10。

第7组数据：人口增长

195. A。解析：美国人口普查委员会发现3.05亿人口中有1/8达到65岁及以上，即3 812.5万人。

196. C。解析：人口普查委员会发现80.8%的美国人居住在城市地区，因此还有19.2%的人居住在非城市（农村）地区。3.05亿×19.2%=5 856万。

197. B。解析：美国人口预计将从3.05亿增至4.39亿，将增加1.34亿。1.34÷3.05=43.93%，这一数字明显高于联合国预测的世界人口 37% 的增长率。

198. D。解析：我们知道美国人向人口稠密的州迁移，这一趋势将持续一段时间，直到 28% 的人口都居住在这些州才可能停止，但我们不知道何时会达到 28%。因此也无法计算，到 2050 年为止，居住在得克萨斯州或加利福尼亚州的美国人口数量。

199. B。解析：2050 年的美国人口为 4.39 亿，其中 1/4 的人口小于 18 岁，1/8 的人口 65 岁及以上，5/8 的人口为 18 ~ 64 岁。

200. D。解析：已知联合国预计 2008 年至 2050 年世界人口将增长 37%。70 亿 ×（1+37%）=95.9 亿。

空间认知与视觉评估

201. C。解析：A 为右侧观察图，B 为左侧观察图。

202. C。解析：A 为左侧观察图，B 为右侧观察图。

203. A。解析：B 图形中间部分太长，C 图形的边太多（数出图形中有多少条边，并与原图进行比较）。

204. B。解析：A 为右侧观察图，C 为左侧观察图。

205. A。解析：题中所给的图是一个三级台阶；B 中锯齿形状非原图的一部分，C 为右侧观察图。

206. B。解析：A 图形中小"屋顶"形状的位置发生了变化，C 图形没有小"屋顶"形状，D 图形中间部分偏小。

207. A。解析：B 图形显示的是一个挤压后的不规则四边形，C 图形形状被缩短，D 图形形状被拉长。

208. D。解析：其他三个图形中矩形的位置发生了变化。

209. B。解析：B 是唯一一个在 L 形交点处有小"屋顶"形状的选项。

210. A。解析：B图形用W形代替了T形，C图形用Z形代替T形。

211. C。解析：A图形中三角形发生变形，B和D图形中立方体发生变形。

212. D。解析：A图形中大三角形变厚，B图形中大三角形变薄，C图形中小三角形发生变形。

213. B。解析：A图形和C图形中三角形的直角被截断，B图形去掉了两个三角形中的部分边缘。

214. B。解析：A和C图形中小立方体的位置发生了变化。

215. A。解析：B和C图形中六角形发生了变化。

输入类图解测试

Q1. D。解析：指令AB要求删除最后一个字符K，指令FG将字母表中的第五个字符U替换成其下一个字符V，指令GH要求颠倒整个序列。指令顺序输入无误，因此执行正确。

Q2. C。解析：指令HI要求删除T，指令EF要求将I替换为K，指令CD要求在第三、四个字符之间插入P，但实际却将P插在第二、三个字符之间，因此步骤C有误。

Q3. B。解析：在步骤B中，应该颠倒所有字母的顺序，但第一个和最后一个字母的位置没有变换，所以步骤B执行有误。

Q4. C。解析：步骤B中删除的字母D又被恢复了。

Q5. D。解析：指令执行正确，流程无误。

Q6. D。解析：指令执行正确，流程无误。

Q7. C。解析：步骤C错将SA插入第七、八个字符之间，应插入第六、七个字符之间。

Q8. C。解析：步骤C需交换第二个和第四个字符，而不是第三个和第五个字符。

Q9. B。解析：步骤B的第二个字母应是S，而不是T。

Q10. D。解析：指令执行正确，流程无误。

Q11. A。解析：因为第三个字母是K，所以正确的序列应为BA233EVQ。

Q12. C。解析：应替换第三个字符，而非第四个字符。

Q13. B。解析：步骤A中替换掉的第五个字母又被恢复到了原来的位置。

Q14. D。解析：指令执行正确，流程无误。

Q15. D。解析：指令执行正确，流程无误。

Q16. C。解析：第一项和最后一项进行了位置交换，但步骤B中的这一变化却被忽略了。

Q17. A。解析：小写字母n应保持小写状态。

Q18. D。解析：指令执行正确，流程无误。

Q19. D。解析：指令执行正确，流程无误。

Q20. A。解析：应交换序列的第一项和最后一项，而不是在第一项前复制最后一项。